短视频拍摄与制作

刘根会　孔　惠　雷昊霖　蔺彦松◎编著

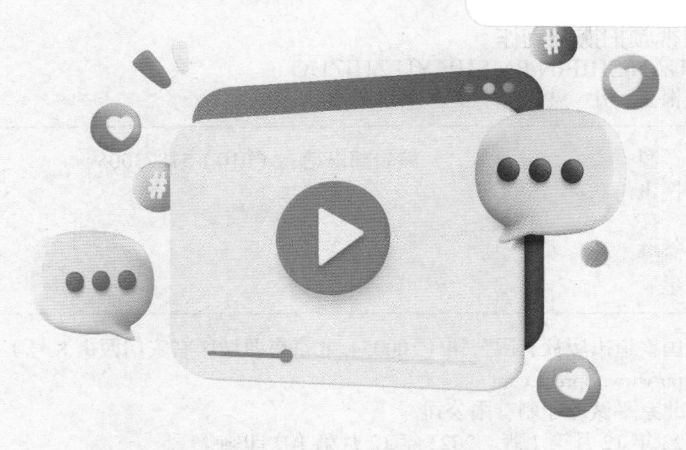

中国铁道出版社有限公司
CHINA RAILWAY PUBLISHING HOUSE CO., LTD.

图书在版编目（CIP）数据

短视频拍摄与制作 / 刿根会等编著 . —北京：中国铁道出版社有限公司，2023.12
ISBN 978-7-113-30750-9

Ⅰ. ①短… Ⅱ. ①刿… Ⅲ. ①摄影技术②视频制作 Ⅳ. ① TB8 ② TN948.4

中国国家版本馆 CIP 数据核字（2023）第 219972 号

书　　名：短视频拍摄与制作
　　　　　DUAN SHIPIN PAISHE YU ZHIZUO
作　　者：刿根会　孔　惠　雷昊霖　蔺彦松

责任编辑：奚　源　　　　编辑部电话：（010）51873005
编辑助理：韩振飞
封面设计：刘　莎
责任校对：安海燕
责任印制：赵星辰

出版发行：中国铁道出版社有限公司（100054，北京市西城区右安门西街 8 号）
网　　址：http://www.tdpress.com
印　　刷：河北京平诚乾印刷有限公司
版　　次：2023 年 12 月第 1 版　2023 年 12 月第 1 次印刷
开　　本：710 mm × 1 000 mm　1/16　印张：14.5　字数：201 千
书　　号：ISBN 978-7-113-30750-9
定　　价：69.80 元

前言

时代赋予短视频新闻信息传播重任，而新媒体的出现不仅意味着技术的进步，也是对传统话语权的解构和对媒体使用习惯的突破，它突破了从前的概念的桎梏，重塑了人与人之间的关系。短视频的发展要健康有序才能茁壮成长，网络与新媒体专业任重道远。

立足时代发展特征，顺应新闻传播教育教学及实际工作岗位需求，着眼新媒体行业发展实际，从短视频的前期定位、内容策划入手，以手机、单反相机对周边生活的简单拍摄为兴趣培养抓手，实现从专业摄像机到无人机航拍的高标准音视频素材收集。从手机 App 轻松编辑视频到电脑端视频后期制作，最后实现短视频的高质量拍摄与制作，力求涵盖短视频学习的全流程。本书以自主自娱实现兴趣培养、应用实践实现技能提高、技能应用实现产学协同发展，体现知行合一、协同发展的教学思想。

本书的基本编写思路以当前广播电视媒体的发展现状为主要参考坐标，针对当前微电影、短视频、Vlog、直播等蓬勃发展，而相应的理论指导以及教研活动滞后的实际整体设计的。本书包括短视频的内容选题策划、拍摄、编辑制作与发布、市场拓展与开发以及法律侵权问题等，整体覆盖信息的采集、处理、传递、接收等信息传播的全过程及对短视频法律问题的延展。理论指导与实践验证结合，策划拍摄与编辑制作相辅相成，可读、可看、可学。

本书包括初识新媒体、短视频简介、短视频的策划、短视频的拍摄、短视频的后期制作、短视频运营、短视频侵权等内容。

本书由剡根会、孔惠、雷昊霖、蔺彦松编写。

作为甘肃政法大学2022年本科教材建设项目，本书得到了甘肃政法大学的经费资助，也得到了甘肃政法大学文学与新闻传播学院的鼎力支持。

由于编者水平有限，书中难免有疏漏之处，恳请广大读者批评指正。

编　者

2023年7月

感谢范蕾、梁蕾、闫智伟、兰才让措、宗正阳对本书中部分人物图片的使用授权。

目 录

第一章 初识新媒体

随着传播研究的不断深入，我们看到了由媒体创造的各类热点及这些热点信息对人们生活的影响。在传播研究的过程中，媒体自身也逐渐发展成为一大热点，特别是伴随互联网出现的“新媒体”。新媒体初登场时就引发了媒体间的转型与革命，成为业界和学界关注的重点。新媒体的出现不仅意味着技术的进步，也是对传统话语权的解构和对媒体使用习惯的改变，它突破了地域和时间的限制，重塑了人与人之间的关系。

总体而言，新媒体的传播及发展对社会整体经济和文化有着重要影响。在了解短视频之前，我们有必要对新媒体的基本情况、热门新媒体平台、新媒体内容制作工具及新媒体视频创作的发展趋势进行了解。

第一节　新媒体基本概况

“新媒体”主要是指在数字技术、网络技术及其他现代信息技术或通信技术的基础上，兼具互动性和融合性两种特性的媒介形态和平台，是在报纸、杂志、广播、电视四大传统媒体基础上发展起来的第五大媒体。在现阶段，新媒体主要包括网络、手机和两者融合形成的移动互联网媒体，以及其他具有互动性的数字媒体形式。同时，“新媒体”也常指主要基于上述媒介从事新闻与其他信息服务的机构。

一、新媒体发展历史

新媒体伴随着科学技术的进步不断展现出新的形态，从早期搜索引擎模式到如今新媒体赋能社会服务，越来越多地表现出与社会各方面的联系。从当前新媒体的研究来看，有关其发展历程的划分暂时没有一个统一的答案。

本节将按照互联网的发展阶段，将在此基础上成长起来的新媒体发展历程大致划分为三个阶段。其中前两个阶段，即 Web1.0 和 Web2.0，是新媒体已经经历过的阶段，而第三个阶段，即 Web3.0，是当前所处并为未来发展方向的阶段。

（一）Web1.0 时代

Web1.0 即第一代互联网。这一时期的互联网基本采用技术创新主导模式，强调对大量信息的整合，这时的新媒体主要形态表现为门户网站。多家网站在 Web1.0 时期崭露头角，如以搜索技术见长的谷歌、雅虎和搜狐，以技术平台特征为主打的新浪，以即时通信技术起家的腾讯和主攻网络游戏的盛大。门户网站作为一种应用系统，主要是根据受众需求连接通向各类综合性互联网信息资源的入口,并能根据指定需求提供有关信息服务,因而这一时期也被称为“大众门户”时期。在“大众门户”模式下，网站对传播具有强大的控制权，网站编辑人员对内容的取舍直接影响网民对信息的获取，而网民在门户网站中仅可以浏览发布的信息，缺少直接的反馈渠道，也无法对网页中的内容进行修改。此外，受众获取到的信息是无差别的，缺少个性化。

从国外的门户网站来看，谷歌、雅虎是这一时期的代表。它们通过提供搜索服务吸引用户进入网站，并将新闻类资讯作为核心竞争力，受到了人们的广泛关注和使用。根据当时的数据，1999 年雅虎用户超过 1 亿，而彼时全球网民仅有 2.6 亿，由此可见其受欢迎程度非常之高。

从国内的门户网站来看，Web1.0 时期的代表是新浪、搜狐、网易三大门户网站，根据我国对新闻采编的要求，商业性质的门户网站并不具备新闻采编权，因而此类网站多对新闻机构发布的信息进行整合转载传播。在运营方面，门户网站充分发挥其综合性，如搜狐不仅有新闻频道，同时还并购了游戏资讯网站 17173、房地产网站焦点房地产网以及年轻人社区 ChinaRen 校友录，奠定了其综合门户网站的地位。

（二）Web2.0 时代

Web2.0 即第二代互联网，相较于 Web1.0，这一阶段用户成为内容生产的主导方，传统的“大众门户”被“个人门户”取代。普通用户的重要性被凸显，每个用户节点都成为一个传播中心，人与人之间的关系得到放大，并成为主要的传播渠道。从这一时期的主要平台（如博客、SNS、微博、微信）来看，社交和分享是内容生产和传播的主要动力，人们在社交需求的驱动下，不断发布新的内容去丰富日常生活，在真实社会关系中传播的信息与人之间的匹配更精准、更高效。另外，在 Web2.0 时代，个性化信息服务正式展开，定制化的内容生产与传播受到重视。

1. 博客

博客是 Blogger 的音译，指使用特定软件，在网络上发表、张贴个人文章的人；或者是一种通常由个人管理、不定期更新文章的网站。在使用时，用户通过创建个人主页或个人网站，获得个人空间展开内容创作。一个典型的博客可以结合文字、图像、其他博客或网站的链接及其他与主题相关的媒体，在这之中“超链接”是每一篇文章都具备的重要表达形式。博客的特点主要体现在内容实时更新，主题多元和写作风格多样。

2. 开放式在线百科

开放式在线百科的出现契合了 Web2.0 时代的特点，用户可以对网页进行浏览和修改并自主创建主题和条目，其内容生产模式强调网友可以针对同一主题进行交流，并根据讨论的答案不断编写和修改相应内容。开放式在线百科编写操作简便，方便随时对词条进行修改和创建，保证了内容知识的动态更新，兼具时效性和全面性。

3. 微博

微博是基于用户关系的社交媒体平台。以新浪微博为例，自 2009 年正式推出，就一直以为大众提供有关娱乐休闲、生活服务的信息分享和交流为主要任务，采用文字、图片、视频等多种媒体形式，因操作的便捷性、传播的即时性和互动性等特点吸引大量用户。微博裂变式传播的特点让用户发布内容的影响力空前扩大。微博强调“微”的模式。新浪微博早期设置了 140 个字符的内容容量限制，让用户用较少的文字表达自己的生活工作点滴，不仅方便人们在闲暇时间浏览更多内容，也让发布者无须在意深度和主题，随时随地发表，丰富了大众的日常生活。

4. 微信

微信是腾讯公司于 2011 年推出的一款面向智能终端的即时通信软件，主要为用户提供聊天、朋友圈分享、微信支付、微信小程序等功能，同时也有生活缴费、直播等服务。作为一款社交软件，除聊天外，用户还能申请个人订阅号发布文章，其他用户通过搜索公众号或文章内容即可观看。微信的出现极大地方便了网络中的人际沟通。文字 + 语音短信 + 音视频聊天的模式让网络中的人际交流更为简洁。此外，软件还可以对多媒体内容进行传输，图片、链接、视频、音频等均能在聊天过程中发出，保证了用户聊天形式的多样性。在附加功能上，微信支付给用户提供了便捷的支付方式。而购物消费、交通出行等日常需求，微信也联合行业内出色的平台方以小程序的方式提供服务。

二、新媒体发展趋势

在经过 Web1.0 和 Web2.0 时代的发展后，当前互联网迎来了 Web3.0 时代，新媒体也伴随着互联网的发展呈现出新形态。Web3.0 核心思想为让网络“能思考”“有智能”。这一时代，网络成为用户需求的理解者和提供者，根据用户的行为习惯，对资源进行筛选和匹配，直接满足用户个性化需要。Web3.0 相较于之前，表现出对中心化数字生态的全局性变革，重塑了用户与平台之间的关系。有人认为 Web3.0 将是“拼凑而成的应用程序”。这些应用程序的共同特征是它们都相对较小、数据以云形式存储、运行速度快、可定制性强、“病毒式”传播，并且可以在任何设备上运行。根据互联网发展的现状，新媒体的发展趋势表现在以下几个方面：

（一）新媒体行业发展趋势

1. 数字经济成为中国经济发展的重要推动力

《中国数字经济发展报告（2021年）》显示，2021年我国数字经济规模为45.5万亿元，相较于2016年的22.6万亿元增长了一倍多。

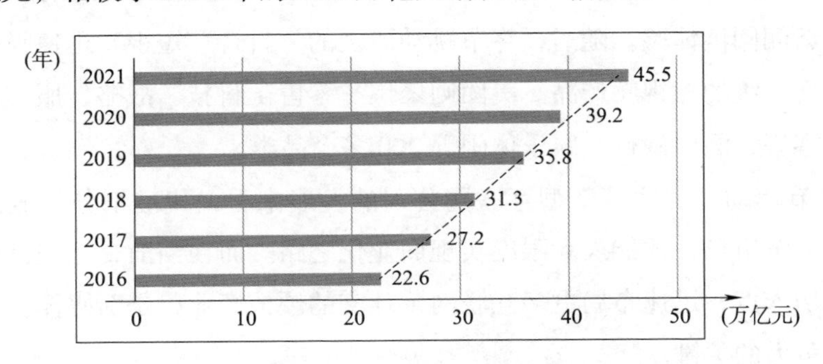

图 1-1　我国数字经济规模（万亿元）

党的十八大以来，以习近平同志为核心的党中央高度重视发展数字经济，将其上升为国家战略，从国家层面部署推动数字经济发展。各地也纷纷加大了对数字经济的扶持力度，仅2021年我国各省（区、市）共出台216个数字经济相关政策，多地打造数字经济与地方特色相结合的产业。

2. 互联网公司多向布局带动自身多元发展

大量互联网公司开始向着下沉市场进军，无论是腾讯作为拼多多、快手、趣头条等的投资方，还是阿里巴巴的动作，都表现出互联网深入三、四线城市用户群的决心。

拼多多的成功也印证了下沉市场的巨大潜力，根据中国的人口分布，一、二线城市人口少于三线及以下城市和农村人口，腾讯的投资及拼多多的表现，让更多机构重新审视了三线及以下城市和农村人口这一用户群。

（二）新媒体产业发展趋势

1. 5G 等新产业逐步落地

自2018年12月工信部向三大运营商发放了5G频谱资源，我国的5G发展正式进入全面落实阶段。超高清、沉浸式等新型多媒体内容及消费端应用得到快速发展。从5G产业链的情况来看，国内企业不断巩固产业基础，建设成本显著下降，国产终端厂商从硬件、系统到生态全面升级。

2. 产业新巨头崛起

传统BAT（百度、阿里巴巴、腾讯）的格局逐渐被打破，新型互联网公司如字节跳动、美团等凭借技术实力抢占越来越多的市场份额。字节跳动成立于2012年，开发的“今日头条”模式将人工智能应用于移动互联网场景中，开创了全新的新闻阅读体验。随后，字节跳动研发的“抖音”短视频迅速吸引大量用户，成为现象级的短视频产品。美团则聚焦“零售+科技”战略，服务覆盖了餐饮、生鲜零售、酒店旅行、娱乐休闲等200多个品类。

从字节跳动、美团等新型互联网公司的发展来看，找准细分领域，瞄准正在崛起的下沉市场，才能最大限度实现商业化之路。而在当前，社交已然成为媒体发展的切入点，迅速布局更多互联网+社交的硬核产业，是新媒体企业提升自身核心竞争力的关键。

三、新媒体基本特征

随着新媒体的深入发展，其表现出越来越多新的形态及特征以适应当前人们对信息和媒体的需求，而用户在使用新媒体的过程中也不断受到新媒体本身的影响。新媒体具体来看，主要有以下特征：

（一）新媒体的技术特征

1. 个性化

从新媒体个性化特征来看，首先，让人们注意到的信息更广泛，从前忽略的内容及价值得到了关注。其次，让内容传播不再局限于固定的文字、图片或视频形式，而是融合了多种表现形式。如采用短视频、H5等形式获取内容，不仅有助于增进用户的理解，而且扩大了传播范围，提升了传播效率。

个性化及碎片时间的利用，也产生了一定的碎片化的传播与阅读倾向。其负面影响在于，碎片化让不少传播内容从全面有深度，转向了浅显缺乏连贯性。这种阅读习惯不仅让一些受影响媒体在报道新闻时舍弃了对深度解读的追求，也让部分用户降低了对内容的思考能力。

2. 交互性

从传播的角度来看，交互性是新媒体的根本特征。新媒体时代，单向的、传受双方无法展开交流的“一对多”传播模式被传受之间甚至是受众之间多向的“多对多”开放式传播撼动。从新媒体的互动技术来看，微博、微信等多媒体社交平台均实现了用户之间的实时互动。

人们可以通过手机、电脑等多种设备在任何时间段实现彼此之间的社交活动，同时，线上社交能够将发出的信息长期保存，并可以随时对发出及收到的信息进行查询。现实中的社交在变少，随着线上社交的不断深入，同一人可以分别处在不同的场景中，原有的碎片时间被最大限度使用，从而也产生了紧迫感。

3. 即时性

新媒体中的新闻基本可以做到 24 小时不间断更新，新闻生产和新闻消费之间的时间差消失，无论是海外的重大事件，还是国内的民生社会新闻。

即时性除了实现新闻的快速、及时，也让报道的过程趋于透明。新媒体的在线新闻生产打破了传统新闻生产前后台之间的边界，让新闻的采集、加工、发布及反馈等环节直观地展示在用户面前。新闻不再只是一款传递信息的产品，更是对特定事件展开的一系列过程，加强了新闻生产的透明性。

但如果媒体仅追求发布的数量和点击率，却忽视了新闻事实本身，新闻业就有可能受到商业逻辑的掌控，丧失其本来所具有的公共性。

4. 数字化

数字化是新媒体的显著技术特征，即信息采用数字语言进行传播。数字化的技术将文字、声音、图片、视频等转化为 0 和 1 组成的计算机可读信息，改变了数据和信息生产、处理、存储、传输等方式，大幅提升了信息传播的速度。

新媒体的数字化特征拓展了接收终端以及内容表达。人们可以借助计算机、手机等各类终端接收包括文字、声音、图片、视频等在内的多媒体形式的信息，满足了用户对不同类型信息的需求，帮助用户更好地理解信息内容。数字化的出现为新媒体传播大量信息提供了技术基础。数字化媒体大大节省了互联网的空间，而数据的储存依靠庞大数据库，几乎实现了无限制的存储。

（二）新媒体的用户特征

在考察新媒体传播时，应当思考传播活动由谁发起，用户是谁。通过思考能认识到传播的重点是“人”。因而开展新媒体研究，就必须站在用户的角度，了解新媒体对他们日常生活的影响以及对未来的改变，才能更好了解新媒体传播的基本规律。

1. 节点化

从 Web2.0 时代以来，以个人为中心，社会关系为传播渠道的传播模式已然进入大众视野，个体作为传播过程中的一个个节点，负责相关信息的生产、传播和消费。

从信息生产的角度来看，处在节点上的个人将自己的知识在互联网中传播。“个人门户”生产内容意味着传播的权利不再仅限于媒体机构。这也对传统媒体制作内容提出了更高要求。

从信息传播的角度来看，用户传递的不仅是内容信息，更有较为主观的内容，不免出现不良信息，这也对监管工作提出了更高的挑战和要求。

从信息的消费来看，个人价值及个人选择的重要性凸显，用户为自己心仪的内容消费。渠道和方式主要分为两类：依据个人兴趣及需求和基于社交关系。用户的自主选择能让信息的获取更加精准，但可能会影响到接收信息的广度，甚至陷入信息茧房。

2. 媒介化

越来越多人通过文字、图片、视频、音频等表现方式，塑造其在新媒体平台中的形象，进而加入社群，满足社交需求，提升个人在社群中的存在感。媒介化同样也影响着人们的日常生活，信息共享空间被重构。但随着媒介化进程的不断深入，平台上对衣食住行、工作、生活、知识等方面产生的刻板印象，最终影响到人们对日常生活的看法和消费观。如在各类平台上贴着“种草”标签的商品，大多并非分享生活，而是为了分享而“制造”生活。

第二节　热门的新媒体平台

媒体平台由媒介机构搭建而成，是主要用于向受众传播信息的媒体形式。

互联网的发展带动了媒体平台的发展变化，从传统的报纸、广播、电视，到今日的微博、短视频等。新媒体平台的发展为信息沟通交流提供了越来越便捷的渠道。按照新媒体平台的功能来区分，可大致分为音视频平台、社交平台、自媒体平台和问答类平台。

一、音视频平台

随着社会的高速发展，短视频、音频及直播平台在短时间内得到快速增长。在音视频平台上，可以根据自己的需求选择观看或收听的内容，个人的存在感被激活。

（一）短视频平台

2017 年被称为“短视频元年”，在这一年里抖音、快手等短视频平台得到井喷式发展，并向着各自的垂直细分领域不断深挖。从使用情况来看，拍摄技术的低门槛、适应不同场景需求、便于开展社交等多方面的因素推动了短视频行业的进步。今日的短视频市场上，抖音和快手两大应用占据了较大市场份额，受到了广大用户的青睐。有关抖音、快手的介绍将在第二章第二节详细展开，此处不赘述。

（二）音频（有声读物）平台

音频（有声读物）平台作为广播在互联网时代衍生出来的产物，自移动终端普及后，逐渐向着移动 + 音频 + 平台的方向发展，传播内容丰富、操作简单，满足随时随地收听的需求，因此受到了广大听众的欢迎和喜爱。音频平台的代表主要有喜马拉雅和荔枝。

1. 喜马拉雅

喜马拉雅是一款音频分享软件，它拥有丰富的音频内容生态，不仅包括专业生产内容 PGC（professional generated content），也有大量用户生成内容 UGC（user generated content）。涵盖了各个领域的知识和休闲娱乐信息，包括有声书、精品有声剧、播客、相声评书、儿童专栏、个人成长与商业财经、音乐以及人文几个板块，满足不同年龄段人群对音频内容的需求。

从喜马拉雅的内容生产机制来看，它强调由具备专业素养的媒体人或媒介机构主导生产，通过签约的形式在平台上发表能够保证深度和广度的固定内容。同时，喜马拉雅还同出版社及图书公司签订合同，用优质的内容资源吸引用户。喜马拉雅通过吸引自媒体人入驻平台提供优质内容，邀请传统电台主播保证内容专业性等方式，带动平台不断向上发展。

喜马拉雅抓住了当代年轻人的特点，在传播过程中以情感传播为主。首先，它积极迎合不同类型受众对内容的需求。当新用户首次使用喜马拉雅时，平台会为其提供小说、资讯、戏曲评书、健康养生、商业财经、搞笑段子等各类主题方便选择，在内容推送时按照用户以往的音频消费习惯，来推荐其喜欢的内容。其次，喜马拉雅在传播中表现出故事性，不仅是对故事文本的讲述，而且在很多的文本中都采用了故事化的呈现方式，运用故事化的语言来进行传播。

2. 荔枝

荔枝是以 UGC 为主要生产方式的音频社区，它以“帮助人们展现自己的声音才华”为使命，积累了大量的用户和内容创作者。从它的用户群来看，年轻人为主要用户，占比超 90%，其中女性用户占到总体用户的近六成，这一群体在平台中表现较为活跃，也是内容付费的主力军。荔枝不仅有线上的内容运营，还积极在线下举办荔枝声音节、荔枝年度声典等，通过种种活动巩固现有用户群，拓展新用户。

从荔枝的内容生产模式来看，它强调“人人都是主播”的 UGC 生产方式，用户只需在平台上注册账号，并使用能够录音和发布的设备就能进行节目内容的录制和传播，低门槛的生产模式带动了创作者在平台上发布内容的热情。此外，平台还开通了语音直播，相较于视频直播的方式，荔枝为不愿露脸的用户提供了用声音直播的机会。在直播过程中，主播可以实时互动和“连麦”，直播间的听众也可以通过发布评论、刷礼物的方式同主播互动，实现了用户之间的交流沟通。

荔枝的声音板块包括：亲子、睡前减压、情感、有声书、明星电台等。荔枝强调让普通用户发布自己感兴趣的内容，让平台中的内容更丰富。荔枝“偶像电台”一栏，邀请偶像制作电台节目。荔枝的“用心说”栏目，通过将海量的文字信息递交主播，主播随机选择录制的方式展开。

（三）直播平台

网络直播作为伴随着互联网和新媒体发展兴起的网络传播形式，在短时间内吸引了大量用户的关注。

1. 虎牙直播

虎牙直播是中国领先的游戏直播平台之一，覆盖超过 3 300 款游戏，同时涵盖了包括娱乐、综艺、教育、户外、体育等多元化弹幕式互动直播内容。

从虎牙的发展历程来看，2012 年，YY 推出游戏直播业务——YY 直播，这也是虎牙直播的前身，很快它就发展成为国内首家开展游戏直播业务的公司。早年的虎牙直播是一款电脑端的直播平台，直至 2016 年，网络直播出现移动端转向趋势，这一转变大大降低了直播门槛。2017 年起，游戏直播行业的市场格局逐渐形成，虎牙也建立起游戏直播行业的领头羊地位。2018 年，虎牙成为游戏直播行业中第一个上市的直播平台，这也是游戏直播行业的重要转折点。

从虎牙直播的内容生产来看，它主要使用 UGC+PGC 的生产模式。从 UGC 的角度来看，它不仅满足了用户想要展示自我的需求，也为平台构建出丰富的内容生态。从 PGC 的生产模式来看，借由专业的内容生产团队和游戏解说员进行直播活动，满足了用户对专业化内容的需求，挖掘了平台内容的深度。

2. 淘宝直播

淘宝直播是阿里巴巴集团旗下的直播平台，嵌入在其购物平台淘宝当中。它的定位为消费类直播，实现了边看边买的消费模式。2019 年，淘宝直播正式上线其独立 App 点淘。

从淘宝直播的发展现状来看，第一，其依托的淘宝平台用户基数巨大，流量优势明显。这也为淘宝直播提供了极大的便利，大量商家通过实时互动、限时发放优惠券等形式拉近与买家之间的距离，进而刺激消费。第二，优质主播云集，带动淘宝直播发展。优质主播不仅能拉高销售额，更能带动整体直播生态的向好发展。在此过程中，淘宝直播又进一步吸引平台外各行各业的主播入驻，如美妆博主、明星主播、科普类主播，等等，他们本身就具备流量和专业性，因此在带货过程中更能吸引用户购买。第三，淘宝直播成为助农的重要渠道。早期的淘宝直播以美妆服饰类为主，2019 年以来，直播带货开始带动农产品的销售。

从淘宝直播的用户特性来看，直播互动满足了用户的心理需求。直播的优点在于实时性和交互性，而主播往往采用“家人”等话语拉近与用户的关系，让用户在与主播的交流中感受到互动。直播间的布置则呈现出色彩鲜艳、物品繁杂和人物众多的特点，能够短时间内带动用户的情绪。

二、社交平台

对社交媒体的定义存在许多版本，简单来说，它是允许人们撰写、分享、评价、讨论、沟通的网站和技术，是彼此之间用来分享意见、见解、经验和观点的工具和平台。社交媒体的出现让人与人之间的沟通不再局限于传统的社交形式，互联网成为人际交往的新阵地。传统的熟人社交渠道被拓展，陌生人社交成为社交平台上的常态。除了上一节所提到的微信、微博两大社交平台，小红书和腾讯QQ同样是当下社交环境中重要的社交平台。

（一）小红书

小红书是一款记录生活方式的平台和电商消费的入口，它的目标用户定位为年轻女性这一群体，以“标记我的生活”为标语，自2013年成立以来在短时间内得到快速发展。和其他电商平台不同的是，小红书从社区起家，用户以分享美妆、旅游等方面为主的内容来吸引粉丝的关注。

从小红书的发展状况来看，它呈现出从UGC到PGC+UGC转变的态势。小红书创立早期是以用户生产内容为主，随着社区化的不断发展，大量KOL（关键意见领袖）涌入美妆、时尚等领域，专业生产内容与用户生产内容呈现出相结合的态势。一方面优化了社区中的内容质量，让信息的深度和参考性不断提升；另一方面，丰富了社区中的内容品类。同时商家的进入让用户可以在小红书内完成对产品的了解、“种草”和购物全过程。

从小红书的用户特征来看，其目标用户为年轻女性，因此平台的任务就是满足这一群体的物质和精神需求。消费习惯的变化也影响到小红书未来的发展趋势，时尚美妆类将继续维持热度，美妆穿搭分享已然成为其标签，美食、健身成为平台的全新突破口。

（二）腾讯QQ

腾讯QQ是腾讯公司推出的一款基于互联网的即时通信软件，其标志是一只戴着红围巾的小企鹅。QQ支持在线聊天、视频通话、点对点断点续传文件、QQ邮箱等多种功能，并能同多种通信终端相连。

为弥补文字枯燥的问题，QQ以表情包、音视频通话等功能作为聊天的补充，不仅调节了聊天氛围也完成个人形象的塑造。QQ群拓展了单人聊天的空间，是多人聊天交流的公共平台。群主在创建群后，可以邀请有共同兴趣或目的的人加入，个人也可以通过申请加入群聊。群友还可以共同使用群内的相册、文件夹、一起听歌等功能。

用户加入特定的群组，就被默认应遵守群内的规章制度，当有用户违反了规则时，群主及管理员就会采取禁言或踢出群聊的惩戒措施。在QQ空间内用户可以通过写日志和说说，上传图片、音乐等方式展现自我。开通了QQ空间功能的好友都能看到用户所发表的内容，并可以进行评论和转发，实现熟人社交。QQ表现出更为开放的特质，便于用户结识有共同兴趣爱好的群体。

三、自媒体平台

当前较为热门的自媒体平台有：头条号、百度百家号、腾讯企鹅号、UC大鱼号等。

（一）头条号

今日头条是字节跳动开发的一款基于数据挖掘的推荐引擎产品。其内容形式十分丰富，包括：长图文、短视频、短内容、问答等。在头条号上发布内容会被分发到今日头条App、西瓜视频、抖音、火山小视频等头条系产品上。头条号更是以“你创作的，就是头条”作为标语，鼓励用户进行内容创作。

头条号的内容涉及生活的方方面面，日均阅读量前三的类别分别是娱乐、健康和文史，这三类的最高日均阅读量都突破了百万次。头条号内容的传播突破了圈子的局限，根据算法对有特定兴趣爱好的用户进行推荐，这也让每篇文章和每条视频都有了火爆的可能。场景化传播的机制也让信息的传播更有效。

（二）百度百家号

百家号是百度打造的集创作、发布于一身的内容创作平台，内容创作者在百家号发布的信息会通过百度信息流、百度搜索等分发渠道发布。

百家号平台中的创作者多元，创作内容丰富。类别上偏向于泛娱乐信息，或是体育赛事、日常分享，因此平台在这些垂直领域的内容数量可以得到保证。

另外为保证优质原创内容的不断产出，百家号还打造了如“鲲鹏计划”等针对优秀创作者的激励计划，提高平台的内容质量。

百家号三线及以下城市用户占据多数，如情景剧、幽默搞笑、家庭亲子等都是他们关注的重点。此外，这部分群体花在通勤上的时间短，这就需要有内容能够匹配他们的通勤时间，表现形式上以视频、音频、短文章为主。

四、问答平台

这一类网站通过网友之间的提问解答构筑起较为完整和谐的平台生态，在论坛中既有普通网民的建议回答也有专家的专业科普，往往呈现出一人提问多人回答的场景，提供了较多帮助，也因此让问答类平台受到了欢迎。当前较为热门的问答平台有：知乎、百度知道、悟空问答、在行一点（分答）等。

（一）知乎

知乎是 2011 年 1 月上线的网络问答社区，涵盖了图文、视频、音频等多种形式，经过多年的发展，已成为国内问答类社区的领头羊。

知乎作为一款互动式的问答平台，它基本按照“提出问题—回答问题—给予反馈”的模式运行。当网民有问题时，可以先在平台内通过关键词搜索的形式查找是否有类似提问，有相似提问就可以进行参考或通过点赞、转发、收藏等方法对内容进行评价；当缺少相似提问时，网民可以将自己的问题和具体情况进行描述来提问，等待其他用户的解答。知乎还有邀请回答的机制，用户可以邀请特定用户回答自己的提问，获取满意答案。总体而言，知乎实质上建立了一个智库，充分发挥网民的能动性和专业性，实现知识更准确和高效的传播。

平台内存在意见领袖的影响机制。意见领袖分为社会的名人精英和分享高质量内容的普通用户。凡是认证过的用户在回答问题时，姓名栏处会显示其认证信息，这种机制在专业领域的作答中会加强权威性。

（二）在行一点（分答）

“分答”于 2016 年上线，自上线后众多健康、理财、职场等领域的名人答主在平台内通过付费语音的方式回答各类提问。

分答 App 主要分为“热门”“收听”“发现”“我”四个栏目，前三个栏目都有“问题”版，问题的展示是按时间的先后顺序和热门程度排列。在平台内，每一个用户都可以自由提问，根据点击量、“偷听量”和点赞数决定问题是否能进入排行榜的前列。榜首通常都是与人们日常生活息息相关或是满足人们好奇心的内容。

在 2018 年初，分答更名为“在行一点”，推出“课”这一文字类型专栏，推行“行家孵化计划”。让用户可以跟随“行家”在三个月或半年内，利用碎片化时间学习职场、生活必备知识。此外，平台还添加了“我最在行”这一知识对战小程序，通过两人线上答题的模式来进行评分获得奖励。

第三节　新媒体内容制作工具

新媒体的出现为大众提供了内容生产的平台，为满足大众对内容生产的需求，相应的内容制作工具表现出操作的便捷化、制作形式的多元化等特征，让用户在视频制作、图文排版、数据调查等各方面都能简单快速地完成。从制作工具的作用来看，可大致分为以下几类。

一、素材查找工具

在内容制作前期，我们首先要对所需数据、图片、视频素材进行查找，让后期制作更为简便高效。素材查找工具可分为图片素材和文案素材两类。

（一）图片素材查找工具

专业的图片网站中获取的素材更适合内容的生产工作。当前较为常见的图片获取网站有：花瓣网、千图网、Pexels、站酷等，内容创作者根据自己的需求在网站中进行关键词搜索、下载和使用。以上图片素材网站采用免费与付费相结合的形式，用户在网站中获取到的图片素材既保证了清晰度，同时也解决了版权问题。此外，以上图片素材网站均允许注册用户投稿，投稿素材被使用后，用户可获得他人对素材购买的部分费用，实现内容获利。

（二）文案素材查找工具

文案撰写是我们在制作内容时的重要环节，新手创作者可以从相关网站上寻找思路。文案素材网站主要有：梅花网、文案狗等，当我们在文案撰写方面陷入瓶颈时，可以通过上述网站搜索相应文章，阅读他人对相同或相似主题的文章后，形成自我的内容创作思路。如数英网的文章专栏就为用户提供了各类文案，用户可以根据自己的内容主题有选择地阅读，找准定位制作出优秀的文案内容。

二、图文制作工具

在素材收集完成后我们就进入了内容制作的环节，要让图片与文案在整体的版面上表现得更为和谐，也为了让图片的色调更接近内容主题，这时就需要使用相应的作图工具完成图片的修改和整理工作。

当前使用的作图软件主要有：黄油相机、美图秀秀、创客贴、图怪兽等，大多作图软件都表现出简便易于操作的特点。如美图秀秀能够对手机摄影的图片提供专业级的修图和人像美容服务，大大降低了图片处理的门槛，对于需要进行图片制作的内容创作者来说，这类软件的出现让内容的创作形式更丰富也更专业。同时，美图秀秀提供了手机版和网页版两种操作模式，我们可以自由选择终端进行内容创作。图怪兽则是一款可以提供图片模板素材元素的在线编辑服务平台，根据不同用户的需求，提供包括电商淘宝、平面印刷、教育等方面的模板，同时还有公众号封面、手机海报、招聘、节日、节气等各种用途的模板，为图片制作的入门者提供一定的参考，让自己的自媒体平台更为美观。各类作图软件虽然在具体的应用过程中存在细微差别，但从整体来看，每一款软件基本都能满足我们对图文制作的需求。

总体而言，当前的图文制作工具都呈现出简单化、模式化的特点，通过手机软件实现传统媒体环境中专业软件才能解决的图片制作工作，为内容创作新手提供了较为全面和丰富的指导，增强了用户在图文制作上的热情。

三、音视频制作工具

新媒体的多种表达形式，让人们对信息的需求不再局限于传统的图文模式，这也使音视频制作工具在短时间得到快速发展，传统专业化的剪辑及音视频制作工具被简单方便的手机软件或网页制作模式所取代。同样，新媒体中的音视频制作不再如专业剪辑那样要求完美，而是以表达内容和传递情绪为主。

新媒体中较为常用的音视频剪辑软件有：剪映、爱剪辑、快影等，它们能够满足内容创作者对视频创作的大部分需求。如剪映平台，剪映作为一款视频编辑工具，不仅支持简单的视频剪辑功能，同时还可以进行变速、配乐、滤镜、美颜等多种视频处理。在软件升级后，剪映逐渐发展成为支持移动端和电脑端的全终端平台。我们可以将需要剪辑的视频导入软件内，根据个人构思进行视频的拼接剪辑，从曲库中选择所需歌曲、音效及贴纸动画，当视频剪辑结束后，剪映可以选择在本地保存视频或是直接上传抖音平台进行传播。同时，剪映作为抖音官方推出的一款视频剪辑应用，当我们在刷抖音的过程中看到较为喜欢的视频模板时，可以直接点击抖音屏幕下方的链接进入剪映该模板下，或是在剪映平台搜索这一模板名称进行仿拍，也可以直接套用原有模板加入个人素材，制作个人的视频内容。与剪映相似的软件是快影，作为快手官方推出的剪辑软件，在视频剪切、特效、音效、封面、字幕等方面表现出其强大的功能。

总而言之，为适应新媒体环境下用户的多媒体需求，各类音视频软件都最大限度对使用过程及功能进行了优化，帮助内容创作者利用碎片化时间完成内容编辑工作，节省了用户学习各类编辑软件的时间，提升了音视频内容的传播数量和质量。

四、内容排版工具

在经过素材收集、图文和视频制作环节后，我们也就进入了最后的内容排版和发出部分。通过选择特定媒体平台，按照平台属性运用正确的排版形式，才能实现最佳的传播效果。

当前主要使用的排版软件有：135 编辑器、秀米、i 排版等，通过提供多种模板帮助需要排版的用户快捷便利地完成各部分内容的排版工作。用户也可以按照自己的喜好进行原创形式的排版，充分发挥创造力。如秀米编辑器就是一款专门对微信公众号内容进行排版的文章编辑工具，它不仅提供了图文的模板素材，也有 H5 制作方法，最大限度丰富了公众号的排版样式。值得一提的是，微信公众号也有其自身的排版工具，进入微信公众平台官方页面，在创作栏即可进行图文、视频、直播等形式的内容创作，但相较于秀米等工具提供供用户选择的模板，微信公众平台更强调个人的原创设计能力，因此我们在早期进行内容排版工作时可以先选择各类辅助工具进行模仿借鉴，在后期拥有一定的版面创作能力时再自行创作排版。

除了微信公众号这类以图文为主的内容发布平台，还有抖音、快手一类以视频为主要表现形式的新媒体平台。此类平台在发布内容时对图文排版的要求相对较低，它们更多强调的是视频格式的正确与时长的把控。要求我们在制作视频的同时应当将视频尺寸和时长放在首位，如抖音的竖屏视频尺寸多为 9：16 的宽高比，恰当的格式在方便了用户观看的同时，也能够提升其传播能力。在时长上，短视频平台的视频通常为 30 秒左右，最多不超过 5 分钟，我们在制作视频时需要把控好时间，这样才能达到最好的传播效果。

除了上述新媒体制作工具外，一些内容创作者还存在问卷调查、数据分析、H5 制作、协作工具等工具的需求，也因此衍生出了如问卷星、腾讯问卷此类的问卷调查工具，抖查查、千瓜数据、蝉妈妈等数据分析平台，人人秀、易企秀类的 H5 制作工具和腾讯文档、阿里云盘类的写作工具。我们可以根据自媒体的内容创作需求，选择适合的工具使用，制作出优秀的自媒体内容，建立优质的个人媒体账户。

第四节　新媒体围绕视频创作的发展趋势

伴随着 5G 网络的高速发展，新媒体原创视频进入了发展的活跃期，相较于传统媒体时期视频创作的专业化和宏大性，当前媒体环境中的视频制作展现出一些新的特性。

一、平台重视专业化和垂直化

随着短视频的高速发展，它在社会中扮演的角色越来越重要，近年来我国出台了一系列有关短视频规范的法规条例，旨在推动短视频行业不断完善管理，塑造天朗气清的互联网环境。

从当前的网络发展状况来看，视频仍是推动互联网发展的中坚力量。视频平台的内容建设各有侧重，长视频平台以电影电视剧为主，大量优秀作品推出，获得了观众和市场的一致好评。短视频平台也将内容建设放在核心位置，一方面通过各类活动大力扶持内容创作者；另一方面开发出如直播课一类的平台新功能，用户可以在平台内学习到人文、财经、军事等多领域的知识内容，拓展内容广度的同时名师讲解也增加了知识的深度。

此外，短视频平台在用户观看习惯中不断开拓出更具专业化和垂直化的内容。记录生活、知识讲解、治愈解压、休闲娱乐等各种分类满足不同用户的需求。例如洗地毯、物品收纳、修牛蹄一类视频受到了一部分用户的喜爱，内容引流效果显著。内容门类的专业化和垂直化也让分众化的倾向愈加明显，人们越来越看重个性化的信息内容，并且希望有专业化的知识解读，这也带动了垂直领域的内容发展。如何生产出满足垂直领域用户需要的内容，为用户提供有价值的信息对于提高短视频平台用户黏性尤为重要。

近年来，短视频尽管逐渐显现出内容市场细分的态势，但总体而言，仍然以泛娱乐内容为主。要推动短视频领域的垂直化内容建设，首先要对用户进行细分，了解他们的需求才能最大程度实现内容传播的精准化。这也要求在垂直领域中的内容创作者不仅要拥有丰富扎实的知识储备，也要能够抓住用户的兴趣点和痛点。单纯的知识科普类视频往往是严肃的，专业化和趣味并存，才能让生产的内容得到更多用户的喜爱。当然，不能丧失知识本身所具有的专业性。

加强短视频平台垂直化和专业化发展，专业机构和媒体生产内容同样很重要。专业生产要起到引领作用，当普通用户刷到自己感兴趣想要进一步了解的内容时，专业生产者就要构建起这一领域基本的认知框架，并为用户进行深层的介绍。此外，增加垂直领域的商业模式也同样可以吸引用户深入细分领域。从当前头部的内容创作者来看，大多深耕于某一领域。

二、短视频深入本地化服务

短视频的用户增长带动了平台商业化发展势头，本地化服务也逐渐受到重视。如 2020 年字节跳动商业化部成立专门拓展本地生活业务的“本地直营业务中心”，快手也于 2020 年 7 月上线本地生活入口。探店团购成为本地服务在短视频平台的全新增长点，一方面通过流量优势吸引本地商家批量入驻；另一方面以优惠团购和热门榜单的模式鼓励用户购买消费，消费者能够直观了解到店铺的实际情况。从抖音当前的本地功能来看，团购关联视频成为继电商后增加新用户的全新业务。

短视频还同农产品、文旅产品进行深度融合。在农产品销售方面，平台与源头商家达成合作，利用短视频、直播等形式宣传和推介优质农产品，打开农产品销售新模式。短视频、直播同农产品销售的结合，在推广中展现商品背后的价值，让用户的购买行为不仅是针对商品，更是对商品背后人文价值的消费。通过短视频及直播能让用户更直观地看到地方风土人情和美食，拉近情感。在农产品销售与短视频平台深度融合的情势下，此类营销模式也提出了改进方向，即不断拓展盈利渠道，将“短视频＋农产品”的线上推广带到线下的服务和产品，如采摘体验等，拓宽地方的经济增长模式。

短视频平台通过设置话题并给予流量扶持的方式，邀请用户加入对城市的拍摄介绍，如抖音话题“城市地标”就有巨大播放量，人们对自己所在城市的地标性建筑进行拍摄和介绍，方便其他用户对不同城市的认识和了解，对于处在同一地点的用户来说，看到自己熟悉的建筑也能加深对城市的自豪感和亲切感。此外，抖音平台还提供了定位功能，用户在发布视频时可以选择定位，这个位置信息会被所有观看视频的用户看到，而对这一地点感兴趣的用户也可以点进定位，看在此位置人们发布的热门视频。定位的出现不仅为用户提供了更多的曝光机会，也对城市起到了推广作用。短视频平台积极推广乡村资源时，不仅实现了农副产品销路扩大化，也让乡村中的人群真正被外界看到。

三、视频应用功能深度开发

各行各业都在尝试利用互联网思维为本行业带来新增长，而短视频行业的火爆，也让“短视频＋”成为行业发展的新形态，如何实现短视频与行业的深度融合是需要探讨的重要问题。

首先，在创新驱动下，网络视频文化产业将云演出、云影院等业务作为全新增长点。为满足用户对娱乐化、互动化和沉浸式体验的需求，各媒体相继打造出借助视听、VR、AR 等技术的新型娱乐内容。2022 年初，爱奇艺发布网络电影合作模式新规，宣布将推行“云影院首映”和“会员首播”两种模式，直接为用户准备好内容，一部电影作品的好坏及收益将由观众来评级，由市场说了算。

其次，随着元宇宙概念引爆风口，虚拟人物、虚拟偶像成为媒体与用户最新的关注点。元宇宙概念下虚拟人 IP 受到关注，短视频加入元宇宙赛道将会制造下一个流量高地。从虚拟偶像的生产机制来看，它的出现是明星制引入二次元的产物，满足了用户的情感寄托需求，同时会随着粉丝的不同需求不断改进。在其运营方面，通过直播、短视频、动画、音乐、广告代言等多种形式，让虚拟人物的形象不断丰富和真实起来，并且通过提升知名度和接受度实现其商业价值。如某虚拟偶像在抖音平台的短视频中融入了中国传统元素来表现人物特性，一方面提升了虚拟偶像的认知度，另一方面也对中国传统优秀文化起到了传播作用。她的视频包括反思、生命意义的探讨、科技意义的思考等内容，在休闲娱乐的同时，带给人们思考的价值。从她的粉丝数及点赞量也可以看出，人们对虚拟偶像的出现是抱有期待和好奇的。

总体而言，当前短视频平台可供实现的应用和功能还有很多，特别是随着新技术的不断涌现，如何将技术同短视频平台、用户相连接，并且在连接中推动短视频平台深度发展，这都是必须要考量的内容。从短视频整体的发展形势来看，其发展受到了政策的支持和鼓励，加强短视频同农业、科技等方面的合作，加强人文关怀和技术创新之间的融合，才能更好实现短视频平台的价值。

第二章

短视频简介

随着人们生活节奏加快，闲暇时间展现出“碎片化”特点，越来越多的人选择通过这些时间来娱乐和学习。短视频的出现使人们这些碎片时间变得愈加可贵，因为它的短小有趣以及创作的可控性而迅速以一个新兴行业的姿态发展了起来。

如今，中国微/短视频的用户已经接近10亿户，而此行业所创造的市场规模已破千亿大关。短视频的兴起与发展不仅是一种新兴的内容传播而丰富了大众的生活，同时它新奇的呈现方式更伴随着新媒体行业的不断发展而成为人们重要的休闲与社交平台之一。与此同时，不可忽视的是短视频也带来了巨大的流量，以及附加其上的巨大商机。

总的说来，在我们开始深入学习短视频的拍摄与制作之前，还是有必要对短视频的发展历史、短视频创作的主要平台以及短视频制作流程等基本情况有所了解，这也就是本章将要介绍的内容。

第一节　短视频概述

短视频也可以被称为短片视频，它是一种继文字、图片、传统视频之后新兴的互联网内容传播形式，它融合了文字、语音和视频，可以更加直观、立体地满足用户表达和沟通的需求，满足用户相互之间展示与分享信息的诉求。视频的长度以“秒”计数，主要依托于移动智能终端实现快速拍摄和美化编辑，可以在社交媒体平台实现实时分享，是一种新型的媒体传播渠道。短视频在今天已被大众所熟知，它自身也经历了一个长达数年的发展历程。

一、短视频发展的历史

从 2004 年到 2011 年，随着优酷、乐视、搜狐、爱奇艺等视频网站的相继成立及用户流量的持续增加，全民逐渐开始进入网络视频时代。

2011 年以后，伴随着移动互联网终端的普及和网络的提速以及流量资费的降低，更加贴合用户碎片化内容消费需求的短视频凭借着“短、平、快”的内容传播优势，迅速获得了包括各大内容平台、用户等多方的支持与青睐。

2014 年，腾讯微视、美拍及秒拍陆续发起“冰桶挑战”等活动，在全网引发巨大关注。同业者竞相模仿，一时间短视频成了各种社交话题运营的狂欢，几乎每一家都在思考如何能想出一个更新、更有爆点的话题。2014 年 9 月，“一条”在微信公众平台推送，这个主打生活美学的短视频新媒体，每条视频 3~5 分钟，包括了美食、建筑、摄影、茶道、手工艺等内容，在半个月后，粉丝量便破百万，且篇篇 10 万 +。2016 年初，“一条”的粉丝过千万。“一条”带动了一波短视频新媒体创业浪潮，越来越多创业者在微信等平台上涌现。2016 年，一名短视频创作者成为现象级“网红”，开启了短视频元年。短视频被提到了重要战略地位，也进入了蓬勃发展的快车道。

短视频的发展历程总体而言，大致可以归纳为开端期、上升期、成熟期这几个不同发展阶段。

（一）开端期：短视频初出茅庐

短视频的源头有两个：一个是视频网站，另一个是短的影视节目，如短片、微电影，后者出现的时间比前者更早。2004 年，我国首家专业的视频网站——乐视网成立，拉开了我国视频网站的序幕。2005 年，某国外视频分享网站备受用户欢迎，其发展经验和成功模式也引起了我国互联网企业的效仿，土豆网、56 网、激动网、PPTV 等相继上线，成为我国视频网站群体发展初期的主要成员。

2005 年底，一部时长 20 分钟的网络短片爆红，下载量超过同时期普通电影。网络时代的盛行催生出与这个时代、文化相适应的艺术形态——网络艺术。而诸如《老男孩》等的相继涌现，网络短视频成为网络艺术的一种重要形式，它专门针对网络传播制作，具备传统电影艺术特征和网络传播特征。但相较于传统电影，它又鲜明具备了数字化、个性化、互动性等特征。网络短视频的出现使过去“艺术家的电影”开始逐步转变为“普通人的电影”。虽然在网络上传播的影视作品短小精微，片长仅为 30~300 秒。但是一些经典的微电影作品却在这样有限的时间内呈现出完整的故事情节，具备了完整的叙事结构。随即不少知名导演、演员以及大量拍客也加入微电影大军，无数网友也拿起 DV、手机开始拍摄、制作。

微电影推动了短视频的出现，无意中培养了网友利用碎片化时间拍摄、制作、上传、观看的意识，这也为后期网络短视频的发展奠定坚实的制作和收视群体。

（二）上升期：多种短视频平台方兴未艾

随着移动互联网时代的到来，信息传播方式的变化和内容制作的低门槛促进了短视频的发展。2011 年 3 月快手横空出世，它起初是一款用来制作、分享 GIF 图片的产品，并于 2012 年 11 月转型为短视频社区。随后，2013 年 1 月小影安卓端上线后，为用户提供滤镜、配乐、海报等多种视频剪辑素材，在 10 个月内注册用户超 100 万,每天上传分享视频超 1000 条。其创始人曾将小影定位为“手机视频里的美图秀秀”。随着智能手机的普及，短视频的拍摄与制作更加便捷，智能手机成为视频拍摄的利器，人们可以随时随地拍摄与制作短视频。2014 年 5 月，美图秀秀推出美拍，打出视频特效、人像特效等“组合拳”。2014 年 8 月，针对某活动，72 小时内，就有 122 个明星使用秒拍发布视频，最后共计 2000 名明星参与，秒拍日活用户达到 200 万。伴随着无线网络技术的成熟，人们通过手机拍摄分享短视频成为一种流行文化。2014 年，美拍、秒拍迅速崛起，2015 年，快手也迎来了用户数量的大规模增长。

网络短视频越来越不需要依赖于高端的设备和仪器，只需要一部智能手机就可以制作属于自己的视频上传到网络。在传统媒介环境下，人们往往需要付出很多成本才能让大众了解。但这些短视频平台的出现，却为大众创造了能够更加自如表达的载体。短视频通过在各种逐步兴起的媒体平台上播放，获得了相对高频的网络推送，丰富了用户休闲娱乐的“碎片化”时间。

短视频的特点不只是时长短，更重要的是其生产模式由专业生产内容（PGC）转向了用户原创内容（UGC），这无疑让短视频的产量随之剧增。短视频主要依靠移动客户端，传播速度非常快，这就使得大量的普通用户能够轻易参与进来，在这一点上短视频分享传播的影响力是传统媒体所不能比拟的。同时短视频制作也开始向精良化进步，逐渐增强的画面感，相对而言更加充分的真实可信度，进一步拓展了时空的限制。

（三）成熟期：短视频行业完善的商业化开发

短视频在各个平台从逐渐兴起到争夺流量之际，内容生产已悄然从头部向多元化延伸。各短视频平台纷纷通过引入明星、KOL 资源，通过时尚话题、提供大量素材，打造年轻的酷文化，依托算法推荐，以强运营带动用户观看和参与，音乐 +15 秒短视频的模式，迅速俘获一、二线城市用户。这种 PGC+UGC 的强运营模式，让抖音有了完美的平衡，塑造了流量的持续性。抖音还与微信、微博并称为“两微一抖”，其 15 秒时长，重新定义了移动短视频的模式。

而深刻体会到短视频机遇的不止有上述这些。土豆开始转型进入短视频领域，启动全新 logo，口号从“每个人都是生活的导演”变为“只要时刻有趣着”，百度推出好看视频、360 推出快视频。2017 年 8 月微视团队重启，腾讯再次重金入场，并推出 30 亿补贴计划。

更为值得关注的是从 2018 年开始，各主要短视频平台相继推出商业平台，短视频的产业链条逐步形成。平台方和内容方不断丰富、细分，用户数量大增的同时，商业化也成为短视频平台追逐的目标。在成熟的短视频平台运营模式加持下，如何使内容审核、垂直领域、分发渠道等相关配套更为完善，也越来越成为短视频行业在成熟期需要思考和面对的新目标。

二、短视频创作的特点与类型

（一）短视频创作特点概述

短视频基本融合了技术分享、休闲娱乐、社会热点等主题，尽力满足不同人群的不同喜好。短视频的风靡不仅丰富了看客们的生活，从另一方面来说，视频博主的需求也促进了短视频发展。在逐步发展完善的进程中，形成了独有的创作特点。

1. 时长较短，传播速度更快

随着移动互联网时代的到来和大众生活节奏的加快，人们获取信息的方式越来越“碎片化”，快速、迅捷的内容传播方式逐渐流行。短视频时长控制在几秒到几分钟不等，只突出亮点内容，去掉冗长部分，通常前 3 秒内容就能抓人眼球，将“短小精悍”发挥到了极致。

以抖音为例，平台上大多数短视频的时长都在 1 分钟以内。尽管在 2019 年 6 月，抖音开放了上传 15 分钟视频的权限，但用户普遍更偏爱短小精悍的内容，许多热门视频的时长仍然不会超过 1 分钟。视频内容融合了技能分享、幽默娱乐、时尚潮流、社会热点、街头访谈、公益教育、广告创意、商业定制等。灵动有趣、题材多样的短视频往往特别注重在前 3 秒吸引用户，视频节奏快、内容紧凑，充分考虑到了广大用户碎片化的阅读习惯。

2. 创作流程明晰，参与化程度高

相较于传统视频，短视频大大降低了生产和传播的门槛，实现了生产流程简单化，甚至创作者利用一部手机就可以完成拍摄、制作、上传与分享。这种“即拍即传”的传播方式，大大提高了创作者的参与程度，也在一定程度上降低了技术门槛，并为更多人所接受。短视频在创作过程中降低了使用限制，将拍摄剪辑的权利赋予用户，用户可以自由且便捷地发布自己的作品。这也催生了不少普通播客产生，例如快手平台上拥有千万粉丝的某视频创作者就是记录一位农村阿姨的日常。

这种 Vlog（即视频博客）就是随着短视频发展而迎来的新风口。制作者多以自身为主角，呈现很强个人特色的记录性视频内容，经过快捷的剪辑加工并精选适合的配乐字幕，就可以制作出带有个人风格的视频日记。

3. 追求个性化表达，快速引起关注

视频内容从人们生活中经常遇到的情景出发，充满个性化的表达和生动有趣的语言相结合，很快使得这种生活化的情景赋予了情感上的抒发和共鸣，也迅速引发网络上的关注。

短视频强调个性化是其吸引用户的最为有力的武器。初看短视频时，用户往往直观选择一些流传度较广的娱乐视频。但是这也会成为一个困扰创作者的瓶颈,随着播放量的增大直至饱和,难免会产生相对的审美疲劳。这时保持个性化、创新化的创作才能使短视频获得新的生命力，从而快速引发更多关注。其中统筹以及分清内容场景无疑是一种创新的方法。每一条短视频在拍摄时需要面临不同的场景，而这些场景按照是否处于支配地位以及对于全片的统领性而被划分成主要以及次要场景。主次场景必须统筹兼顾，表达连贯、符合逻辑才能形成一种完整统一的场景链，避免观看时出现错位感，也才能使观众满意并产生共鸣。

美食类短视频制作成为最近短视频领域里关注度很高的一类。出现了多名颇具影响力和流量的视频创作者。统观这些短视频，每一期博主都会去吃一些美食并对食物的口味进行一番品评和介绍。但是如果只是简单长期重复这种流程，必然会引发观众的审美疲劳，所以内容场景创新成为他们中很多人采用的一种个性化创新思路。品味和介绍美食的场景不断在切换,如果稍加留意的话就会发现,除了外出探店的主体场景之外，还有室内、居家做菜或分享美食的场景切换。而且即便是外出拍摄吃饭的视频,也会适当把场景扩大,不拘泥于分享美食的店铺,而是把视角拉大,甚至穿插拍摄展现所在城市的风貌以及标志性的历史人文景观。

这些创作手段变化，无疑更体现出制作者对于短视频个性化表达的强烈追求，同时更希望通过赋予短视频新意，而不断增加受关注的程度。

4. 丰富的社交属性，广泛的信息传递

短视频并非只是时长缩短的视频,而是一种新的延续社交、传递信息的形式。

信息化时代使得用户对网络社交形式的要求越来越多样。传统手机客户端那种依赖图片、文字和语音来表达的方式早已不能满足用户的需求了。而短视频这种集影音、图文等多元传播形式为一体的方式，可以充分与社交媒体相结合，满足了个人随时随地在社交平台上分享的需求。

回顾当下，社会节奏不断加快，短视频充分给予了人们在“宝贵”闲暇时间进行浏览，从而产生心理愉悦的机会。这种衍生出的短、平、快社交形式适应了移动互联网时代人们希望能够高效管理时间以及观看视频的需要。

具体而言，短视频的形式，不仅突破旧有信息传播模式，而且可以凭借直观的表现形式和极为便捷的互动性不断影响着现代人的社交习惯。例如：用户拍摄短视频后，虽然只有短短十几秒，却可以通过简单操作完成添加快慢镜头、美颜滤镜等特效，然后同步完成发布并分享；与此同时，用户还能够体验直播和视频聊天，以完成交流互动；此外随时随地观看、评论与转发别人的短视频也成为完善社交的重要一环。

（二）短视频创作类型概述

短视频创作类型随着短视频的不断发展，越来越呈现出多样化特征。并且它的划分也可以根据不同侧重而产生不同标准。如按照视频内容可以分为：日常分享、技能分享、幽默、颜值才艺、街头访谈、创意剪辑等类型。按照生产方式可以分为：UGC、PUGC、PGC 等方式。按照表现形式可以分为：短纪录片、情景短剧、解说类、脱口秀、Vlog 等形式。本书重点选用按表现形式分类这一标准展开概述。

1. 短纪录片

传统纪录片是一种以真实生活为创作基础，选取真人真事为表现对象，目的是展现生活本真，从而引发人们思考的影视艺术。归于短视频种类之一的短纪录片，相较传统而言，其内容、形式有不少相似之处，但片长明显更短，通常在 15 分钟甚至 10 分钟以内。

《吴问西东》，是城市观察系列短纪录片，由国内知名短视频团队联合某奢侈品集团共同打造，在短短几分钟时间里记录了上海的“前世今生”，带用户领略了上海的城市魅力。另一部《日食记》是美食类短纪录片，通过记录导演本人的日常生活，分享各种美味佳肴和点心的制作方法。

短纪录片作为短视频重要的表现形式，正在以前所未有的速度走到每个人身边，短纪录片记录着典型人物，也宣传着地方景物，甚至传承了某些独特的文化记忆。每部不超过 10 分钟，那看似较短的体量，却能以小见大深入浅出完成叙事，做到“微记录、新表达”。为纪念中国与意大利建交 50 周年而由中央广播电视总台和意大利国家广播电视公司联合出品的百集 4K 短纪录片《从长安到罗马》，以每集 5 分钟左右的时长，通过场景体验为方式，呈现出西安和罗马这两座城市跨越时空的悠悠岁月变迁以及由此产生的东西方文化的交融互鉴。其深入浅出的讲述方式、美轮美奂的画面效果再加上短小精悍的篇幅设定，受到许多年轻观众的喜爱。

2. 情景短剧

情景短剧的拍摄是以相对固定的场景为依托，选取生活中日常的情节和道具，配合自身风格创意和品牌诉求进行相应的剧情编创及场景化演绎的短视频类型。为广大观众所熟知的有：幽默类情景短剧、情感类情景短剧以及职场类短剧。

（1）幽默类情景短剧是一种带有明显娱乐化特征的类型。通常用“抖包袱”“反转”等戏剧化手段安排剧情，营造出幽默诙谐的作品呈现。

（2）情感类情景短剧效仿程式化的戏剧表现手法铺陈情节，但与前类不同之处在于更加强调情感的力量。它努力从感人的亲情、爱情、友情等情感元素建构视频，希望能够快速引发观众的情感共鸣。

（3）职场类短剧是一种近年来细分出的情景短剧。它往往以办公室为主要场景演绎职场故事。职场是年轻人相对比较关注的区域，所以这类短剧的创作会具有很强的时尚感，容易引起共鸣，具有十足的话题感。

3. 解说类

解说类短视频是一种比较特殊的短视频类型。此类短视频的创作者是对已有素材（图片或影音）展开二次加工，并配以文字以及语音解说，再辅之以背景音乐而合成的短视频类型。根据解说形式的不同，解说类短视频又可分为文字解说和语音解说两类。解说形式分为：文字解说和语音 + 文字。抖音热门主题类短视频《一个普通男孩的十年》就属于此种形式。

这种对于影视作品进行解说的短视频，将一部需要两个小时看完的电影，或是动辄长达十几集乃至数十集的电视剧，以十分钟左右的时长进行一次深度剖析，不仅能够精简信息容量，减少信息传播成本，还可以为观众精选出感兴趣的影视内容，在节约时间成本的同时，也能欣赏到影视作品的精华所在。观众喜欢这类影视解说的短视频，也是源于人们对于故事所保持的好奇心。观众往往需要使自身能够尽快进入情节氛围之中，感受到真实的喜怒哀乐。而在真实观影过程中，很多时候在影院的封闭空间中没有彼此的交流，容易形成对影片的单向理解。但是这类短视频中因为影视解说的介入，观众会再次重温那些自己喜欢的影视作品的细节，并带来不同的作品解读，不失是一种别样化的体验。

当然平心而论，解说类短视频，尤其是影视类的，并不能代替影视原片，这种精简式的、介入式的影视鉴赏，无疑不能取代对于影视原文本的阅读与品评。

解说类视频要注意版权问题。未经著作权人许可，是不得复制、发行、表演、放映、广播、汇编、通过网络向公众传播其作品的。所以，解说类视频在引用原作品内容时尽可能不要引用关键画面、主要情节、核心剧情，特别是不能基本表达展现整体故事。

4. 脱口秀

脱口秀是指一类谈话节目。传统的脱口秀节目形式比较固定，通常会邀请几个嘉宾，以现场互动的方式就某一话题展开讨论，整个节目时长会在30分钟以上，其中还会增加插播广告的时间。而脱口秀短视频则改为一个人，内容灵活丰富能够涉及很多有意思的方面。

按照具体情况脱口秀大致可以分为幽默类、分享类和现场类三种。其中幽默类内容幽默诙谐，充满娱乐精神，传递正能量；分享类则以分享知识、传递信息为主，具有一定知识价值；而现场类一般以脱口秀节目为素材，将部分精彩内容剪辑出来并呈现给用户，常有临场发挥的内容。

脱口秀短视频这两年的发展非常迅猛，但是能不能做好、做成功却往往需要从以下几个维度去衡量：首先，配合程度的默契是一个核心要素，要求短视频的创作者有敬业精神，而且内容呈现方面更需要非常严格和高标准；其次，演员的表演能力，成功的脱口秀短视频创作者往往带有极强的观众亲和力，并且能够很快和观众在互动中达成全方位交流的状态；最后，文本创作能力，具备相当的创作经验，保证文本呈现的创新性和个性化，就是创作者自身思考能力和写作功底的直接反映。

5. Vlog

Vlog又被称为视频博客或是视频日记，将传统图文模式化的个人日志转化为影像化的表达。Vlog最为人所称道的地方就在于：博主个人风格极强展现，以展示真实内容的镜头语言来反映自己眼中的生活画面，镜头自然流转间凸显的是一种不同于炫目画面的生活，以及目之所及的博主的真实生活体验。

Vlog大致可以分为励志学习类（记录学习进程、展示学习状态和励志学习等）；感情类（表白、情侣间的日常互动等）；婚恋类（领结婚证、举办婚礼等）；美食类（制作美食、展示厨艺、品尝美食等）；旅游出行类（介绍沿途风景、旅途趣事、旅途体验等）；好物的开箱“种草”类（展示商品开箱测评过程、分享等）。

通过上面的介绍，可以清楚知道Vlog以更生动、立体的视听呈现承载了更丰富的信息。相对曾经的文字博客而言，在内容表达、情绪传递方面拥有着得天独厚的优势。还有在拍摄制作方面，Vlog也要方便很多，其所耗费的时间以及物质、人力成本不高，很多情况下，凭借着手持的简易设备一个Vlog博主就能创作出极富影响力的短视频作品。

三、短视频的未来走向

（一）5G助力短视频的发展

现在我们似乎都在说5G的概念，那么5G究竟指的是什么？简单而言，5G是第五代移动通信技术的简称。“1G到4G是面向个人通信的，5G是面向移动互联网和工业互联网的。”从这句话中，我们可以基本确定5G代表了网络传输速度更快、网络使用更安全、网络应用低延迟的特点而面向更广泛的领域。

那么在5G时代的风口中，已经发展得有声有色的短视频也将会迎来更大的机遇、收获更广阔的空间。可以肯定的是目前短视频传播受到流量的限制，但是在5G时代这一情况得到极大改善。4G时代加载观看短视频尤其是长时间观看时，用户通常还是倾向于使用Wi-Fi观看，不仅费用比较低廉而且网速也能得到保证。这不能不说是一种变相的限制。但是在5G时代，随着网速大幅提升，如果相应流量费用也随之降低，这时广大用户就可以不用考虑Wi-Fi的问题，能够随时随地观看短视频作品，这也是对于碎片化时间的最好利用。

另外，网络技术发展迅猛，新兴的带有更好观看体验的VR、AR、MR等技术也会迎来爆发式增长。这些技术要想真正发挥出影响力形成产业价值，不仅依赖于技术本身的进化，更需要依靠环境的转变，而5G的高速率传输就是解决这一问题的重要环节。试想在无延迟、无卡顿、低流量费用的加持下，这些身临其境的视频感受，无疑会更加激发短视频产业的繁荣与发展。

虽然目前短视频在蓬勃发展中也存在着不少问题，但是不可否认，它已从初始阶段的影像传播形态，转变成人们的一种生活方式。短视频的用户规模随着5G时代的来临肯定会不断增长。因为5G开启“万物互联”使得整座城市在它的信号覆盖后都将变成一个整体。社会生活的方方面面都很难完全脱离网络而存在。5G 拥有的实时、高清、互动性强等特点，不仅可以将在外行驶了很长时间的智能汽车，自动导入地下车库的车位充电，更能在这一过程中让驾驶员以及乘客欣赏喜欢的短视频作品。

（二）短视频未来的跨界融合

人们常说“众口难调”，这不仅表现在饮食口味方面，随着短视频用户的爆发式增长，短视频行业未来也要面临欣赏口味问题。短视频大部分是出于人们日常休闲娱乐目的而创作的作品，满足了大量观众的收视期待；但是现在碎片化的时间区块，又使得人们需要通过观看短视频获得更多的生活体验以及知识学习。例如，有购物需求的观众希望短视频和电商结合；喜欢旅游的朋友需要短视频和旅游结合；近期正打算装修房子的用户则需要短视频和装修结合。总之，人们生活的各种需求和随时生出的许多想法可能都会在短视频的观赏中找到答案。短视频的跨界融合是一个非常大的概念，或者说是一种全方位跨界，一种无边界融合。“短视频+”的概念中，加号后面也许就是意味着无限的可能性。

短视频在面向未来的发展中，可以预想会越来越多强化与其他各行业的跨界融合，而且各互联网平台也会更加追求在原有核心产品上搭建和嵌入短视频。如在社交领域：文字、图片、语音这些通过E-mail等传统应用的社交方式，将在5G覆盖后逐渐转型成以短视频占更大比重的社交表现。目前像一些短视频App在对未来应用进行设计时，便是从重点考虑短视频社交入手的。毋庸置疑，只要解决了流量、传播速率等“瓶颈”之后，短视频与社交的结合是必然结果。动态画面加上实时出镜互动等元素，必然会给用户在利用社交软件娱乐的同时，打开一扇拓展的人际关系的崭新大门，当然这也会促进网络社交软件的技术跨越和交流升级。

就目前来说，短视频与电商的跨界应该算是做得比较稳定了。这可能与电商成熟的运营平台、人们逐渐习惯于网上购物以及商家的推波助澜等都有着密切联系。国内的电商平台淘宝上，我们会发现许多新加入的带视频 logo 的提示，目的就是希望使用者通过点击跳转到相应推介商品的视频页面。而且这些短视频创作者自身就拥有大量的粉丝，也是不容忽视的潜在消费群体。这使得商家或是视频创作者，都能够通过短视频与电商的跨界融合获益。这种跨界融合还可以出现在各大专门的短视频平台上，用户在看他们喜欢的创作者的作品时，屏幕上会不时出现商品链接的弹窗，只要点击，就“毫无违和”进入商品挑选和购物的环节了。而上述这些可以肯定都将会在今后短视频的发展中演变得更加“花样繁多”，更加注重“吸引眼球”和“实现效益”的结合。

我们现在以及今后面对的是一个知识更新速度越来越快的时代，但是又缺乏相对整块的所谓“静下来”学习的时间，尤其是对于离开校园步入职场的人而言，快节奏的工作和必须不断更新自己知识结构的双重压力会不断加大对于获取知识的渴望。这也为短视频创作领域指明了一条跨界开展知识传播的路径。用户们愿意为那些能够高效率获取所需知识的短视频买单，而相应的那些能够提供这些知识输出的短视频创作者也就获得了将知识转化为收益的可能。这无疑是一种双向获益的渠道，而这也就保证了它可以稳定延续下去。同时利用短视频完成知识传播，还具备了讲解过程中文字、音乐、贴纸和滤镜多种特效综合运用的功能，不仅增加了视频质感，保证了信息容量，而且抓住了平台用户对于这种需要的急迫性，这将大大增加用户对于平台的黏性和留存率。

此外，从大的方面可以预见到短视频与招聘或是美食推荐等其他行业的深度跨界融合也会在不远的将来变得更为普及。通过短视频将求职者的信息进行展示，应该说比传统文字加图片的方式更为直观有效，对于一些强调沟通能力的岗位来说更是如此。这些短视频中，应聘者不仅将自身求职意向与技能形象展示出来，还能够充分传达自身在外形、个性等方面独特的标签。同时招聘方也可以用短视频去展示招聘需求、工作环境、福利待遇、企业文化等应聘者关心的各个环节。这样双方都能明确对方的意图，并可以充分展示自身的优势，从而增大成功的概率。

对于传统美食行业而言，在这个资讯爆炸的时代里，“酒香也怕巷子深”“饭香也要做宣传”。短视频俨然成为这种需求的最佳承接者，众多美食博主纷纷“义无反顾”走向全国乃至世界上拥有美食的各个角落，通过试吃实践和生动形象的镜头展示，将美食呈现在了大众的眼前，从而拥有了大批的食客粉丝。人们对于美食的热爱古已有之且生生不息，如今又与短视频发生了奇妙的化学反应，不仅将饮食行业推向了新的高潮，而且美食达人们不遗余力地推介，也不断为商家引流，增加着他们的商业收益，这无疑满足多方利益需求，达到了共赢的局面。

（三）短视频未来地域拓展与国际化

目前短视频在大中型城市用户群中的竞争已变得非常激烈了，同样上升空间也受到了一定限制。所以下一步随着5G网络在城乡的大面积铺开，对于短视频的运营者而言，未来需要做好的是对广大农村地区的关注和提前布局。这里不只是地域概念的拓展，更为重要的是针对性的内容调整，因为对于短视频，内容的创新以及适应时代变化是一个维持其持续良性发展的重要因素。

短视频利用互联网进行的传播便捷又高效、易用好上手，让使用者充满好奇，渴望了解又能够实时体验，这的确是一种最为直接的方法。因此在可以预见的未来，短视频“走出去”将是必然的发展趋势，甚至成为各国人民乃至官方层面互相了解、文化交流的重要方式。

第二节　短视频的主要平台

在当下高速发展的网络环境中，移动互联已经改变了广大用户阅读和观看的习惯，同样消费场景也在不断发生着变化。近两年，短视频以及依托它而衍生出的短视频创业、短视频带货、Vlog等都逐渐成为众人耳熟能详的概念，同时不乏企业与个人从事其间，不断带动整个短视频产业体系的繁荣和发展。而作为短视频发布和传播的主要载体，各短视频平台也各具特色、各擅其长。比较著名的有：抖音、快手、西瓜视频、bilibili（哔哩哔哩）、微视、好看、秒拍、全民小视频、美拍等不一而足。限于篇幅，本节从中选取了抖音、快手、哔哩哔哩这三个有代表性的短视频平台做简要介绍。

一、抖音平台：记录着美好与新潮

抖音平台在2016年9月上线，当时作为一款主打音乐创意短视频的社交软件，突出“潮”“酷”元素，鼓励用户使用软件选择歌曲，拍摄音乐小视频，强调原创和个性化的作品。抖音平台所属为“头条系”（字节跳动），根据数据显示，至2023年1月，抖音日活跃用户已经超过10亿人次。而随着抖音用户群体的不断扩展，2018年3月，抖音官方正式开启新的品牌口号“记录美好生活”，这样的定位使得抖音悄然从最初“年轻、时尚”的风格转向了多元化，这种面向生活化的转变并不是要放弃以往对于年轻群体的吸引，而是要在兼顾青年人群同时，让更广泛意义上的大众群体都能够喜欢和接纳抖音，真正做到“记录着美好与新潮”。

抖音平台有直播端口，它的呈现方式是以竖屏和短视频为主，平台运营采用智能推荐算法，平衡流量、内容、用户、产品之间关系，放大达人能力等一系列策略。平台的盈利渠道分别有：广告、电商、平台活动、流量分成、KOL、KOC等多种方式。

抖音平台目前是短视频领域的超级 App，不论是在用户量级或是相关的前后端服务上都有着自身独具的优势。同时作为平台方,还不断推出和更新新手教程，鼓励和方便想从事短视频创作的“小白”都能够尽快上手。

在抖音平台上无论是强调“新潮”还是“记录美好生活”，都倾向于轻松、娱乐的观看体验，相对泛娱乐化内容的短视频作品在平台上比较受欢迎。而且抖音平台能够比较精准地通过后台数据分析，根据用户观看短视频的时长、点赞和评论等行为方式，不断向用户推荐所属类型的短视频。这种个性化的推荐机制，有些类似于用户定制，用户可以关注某些特定的抖音账号，然后在自己账号所属的“关注”分栏中随时查看、关联和管理。

抖音平台对于短视频创作者的上传过程会进行后台审核，对于违规内容实施屏蔽，保证了平台的合规化发展。而对于审核通过的短视频，抖音平台会从一个较小范围的流量测试（比如先推介同城的 5 万个用户），逐次扩展到更大的流量范围。这种逐层递进的方式能够更为精准地使平台区分出作品的层次，并能够集中力量关注和推出一些极具媒体热度的爆款作品。

从另一个层面而言，这也是抖音平台更加重视视频内容的体现。对于那些持续有原创的、充满个性化创意的表达，平台经过筛选后给予更多流量支持。而创作者想让自己的作品获得更好传播也一定会努力创作出高质量的短视频，甚至绞尽脑汁配以精彩的文字描述。当然所有这一切均是为了获取平台更多的流量支持、吸引更多用户的关注，毕竟流量能带来收益。

某短视频创作者 2015 年开始拍摄短视频作品，作为中国内地美食短视频的创作者，在她的视频中表现最多的是乡村时令美食和传统节日美食。虽然也会有其他视频创作者涉及这两个题材，但她却能通过自己的辛勤劳作表现原生态作物的真实性，而正是这种亲身经历的真实性，不断提升了视频的说服力和吸引力。她的创作带有强烈的中国传统文化色彩，大量浓郁的古香古色元素充满着田园般的恬静，又不乏烟火的气息。

她凭借着带有强烈个人标签的短视频作品，获得了大众的认可。紧接着又趁着这样的热度，适时创建了品牌，在天猫上开设了旗舰店。正是短视频所积攒起来的庞大“粉丝量”和视频流量成为促进销量的可靠保障和持续动力。

二、快手平台：描摹了普通人的生活

快手最开始是以制作GIF图片的手机应用问世的。在2011年左右，智能手机刚刚开始大面积普及，随之移动互联时代也悄然来临。为了满足人们网络社交的需求，微博开始流行，人们之间需要进行大量的内容互动。而恰逢此时，大家在习惯了官方制作的表情包后，开始尝试自制表情包表达情绪。应该说此时快手GIF制图抓住了这一机会获得了业内较大的影响力。仅半年时间，快手就取得了百万的下载量。

快手开始尝试向短视频制作领域转型，因为它看到了移动互联网发展的迅猛以及智能手机的普及，使得用户用手机拍视频变得越来越容易实现。而且流量费用的降低，Wi-Fi的普及也提供了解决视频方案的强大助力。快手提出了“每个人都值得被记录”“普惠、简单、不打扰”的短视频开发理念，以下沉式的模式展开创新，产生错位竞争，形成了自身所秉持的短视频运营策略。

快手平台一直在寻求符合自身特点的改进。不同于抖音平台相对单一的全面屏自动播放，快手提供了两种浏览模式：其一，点击播放，手机屏幕会在不同区域展示多个短视频的封面图，用户可以根据自己的兴趣，点击视频封面图播放相应的短视频，这种模式带来的是方便的选择以及对于用户个人喜好的关注；其二，大屏播放模式，这种方式是用户进入快手主页后，短视频就会自动播放，观看者可以按照平台设定的推送顺序浏览视频，在此期间还可以向上、向下滑动手机屏幕来完成相应视频的切换。

在快手平台上流量分发是按照一种“普惠”原则来执行的。具体而言，体现出基于普惠的产品理念，努力实现平等表达的逻辑。坚持面向普通用户，并以此为中心，尽量克服对所谓名人或团体的流量倾斜。设计上秉持一贯的简单中和，整个页面摈弃了下方的条，个人中心也尽量隐藏在右上角的菜单列表中。目的都是将快手真正打造成为普通民众分享生活而服务，绝不仅仅是追求潮流的时尚空间。

快手在向用户进行短视频内容推荐时，会依据用户社交关注点和兴趣点为标准进行流量分发。以用户关注过的某个短视频账号为目标对象，从而能够使关注该账号的用户尽快观看到更新的短视频内容。这种流量分发有利于强化短视频账号与用户之间的关联，增强两者之间的黏性，让短视频账号沉淀私域流量，与高黏性用户之间的关系愈加紧密。当然它也在某种程度上限制了短视频内容辐射范围的扩展。

快手平台上有着许多表演舞蹈的短视频账号，吸引着一大批喜爱舞蹈表演的用户关注。其中有一个账号却凭借着与众不同的展示形式，收获了众多粉丝的喜爱。不同于一般意义上舞蹈表演的"真人秀"，在这个账号的短视频中，新颖的线条造型代替了真人表演，带给观众很强的新鲜感。这些鲜活新颖的舞蹈动作配合着文字解说，的确让人耳目一新，同时这些短视频还能紧跟热点，时常会根据当下比较火的歌曲来编排舞蹈。试想一下，在忙碌之后的闲暇时间，翻看着轻松快乐又有新意的舞蹈表演视频，对于普通大众来说既没有接受难度，又能愉悦身心，怎么能不大受欢迎呢？

快手平台最近几年的发展壮大，离不开短视频在用户中影响力不断扩大所带来的红利。但它还是一直坚持了自身强调的服务理念，在这个理念中下沉用户始终是它全力关注的对象，这个用户群体数量庞大却往往容易被人忽视。所以它才能让很多人喜欢，同时也能兼顾公司获益。

三、哔哩哔哩：年轻人聚集的个性文化社区

哔哩哔哩（B 站）诞生于 2009 年 6 月 26 日，它的最初名字并非我们所熟知的"哔哩哔哩"，而是"MikuFans"，意译过来是：初音未来的粉丝。一年之后的 1 月 24 日，B 站正式改为了现在的"哔哩哔哩"，简称 B 站。其实如果溯源的话"哔哩哔哩"是出自某动漫里的一个角色。时至今日，哔哩哔哩平台已经历时十多年的发展，它所形成和构建的以泛二次元视频为核心和以专业用户内容生产为依托的布局，成为年轻人聚集的个性文化社区。

哔哩哔哩有别于其他平台的地方在于：它的用户群以年轻人为主，用户活跃度非常高，而且普遍具有创作激情和创新能力。哔哩哔哩当初是以 ACG（动画、漫画、游戏）文化起家，在发展中将短视频开发作为了重要选项，大力推进。随着短视频创作日渐符合大学生和刚踏入社会的上班族的兴趣热点，B 站的短视频逐步强调对于新鲜事物的呈现，同时满足了年轻人旺盛的消费能力和他们强烈的自助式学习习惯，最终形成了“你感兴趣的视频都在 B 站”这样的平台宣告和企业形象。

除此，熟悉哔哩哔哩平台的用户都知道它极具特色的弹幕文化。弹幕所引领的社交潮流，通过 B 站观看短视频而得到了充分的体验。这些实时弹出的评论性字幕，不断营造出一种现时互动的错觉。而且这些弹幕的主题大多相似或很相近，因此也会带来很强的参与度。哔哩哔哩的弹幕并不是其独有技术，在其他短视频平台也都有各自的体现。但是，哔哩哔哩的弹幕和其视频的融合度最高。对于部分用户而言,已经很难分清楚他们是更注重视频本身抑或弹幕文化了。同时，与其他视频网站动辄 60~100 秒的广告相比，哔哩哔哩平台消除了贴片广告，使视频播放更加流畅。

不过除了上述这些外，哔哩哔哩平台能够持久发展的动力依然是其独有的内容生态圈。众所周知，哔哩哔哩平台以版权采购内容和创作者自创内容这两部分作为视频的主体构成。其中在版权采购内容方面，平台主要根据年轻人的兴趣安排了大量连载的动画，这些作品中也有不少影响力很大的经典。

在哔哩哔哩平台上发布的短视频资源中，有大约九成是创作者的原创产品。内容上除了 ACG 之外，还涉及生活、娱乐、时尚、数码等多个领域。这些内容的区划一方面体现了内容生产者们大量入驻平台，成为促进平台持续发展的原动力；另一方面也能体现出哔哩哔哩平台所强调的“年轻人聚集的个性文化社区”理念，因为上述的内容分区应该说很大程度上符合当下年轻人追求时尚的生活状态，这些多元的内容呈现实际上也精准涵盖了年轻人平时所关注和浏览的各个方面。

当然，年轻人思想活跃，他们的爱好与关注会伴随着时代发展而拓展出更多的方面。从 2019 年的下半年开始，哔哩哔哩视频内容中又不断衍生出美食、财经、知识分享、萌宠等多个领域。同样涉及这些专业的创作者也像雨后春笋般地迅速涌现。由此可见，平台对于用户需求的敏感度非常之高。娱乐休闲的需要无疑要得到充分满足，但是年轻用户学习技能、传递分享信息和情感的需求更是不容忽视。这样也成就了哔哩哔哩平台所提倡和一直以来致力打造的文化社区目标。

某视频创作者在哔哩哔哩平台的影视区被很多用户所关注，他在影视类短视频自媒体中颇具代表。作为短视频虽然时长有限，但该创作者却有自身统一固定的风格，这主要源于其相对固定的结构。从开头自我介绍，到中间对于影视剧的创意剪辑和个性化解说，是将先前的影视原作进行了再创作，同时配以幽默风趣的解说，往往带给观赏者耳目一新的感受。最后，他还不忘借助一下电影和电视剧进行人生哲理的总结和心灵感悟的表达，颇有升华境界的意味。总之，这种亦庄亦谐的固定结构，虽然程式化了一些，却使视频容易生成统一风格，增加个性化辨识度，尤其是对于熟悉这种风格的观众来说更加易于接受。

第三节　短视频的制作流程

新媒体的快速发展为短视频创作带来了强大的动能，不但助力创作者制作出高质量的短视频内容，而且还可以在网络平台上进行有效的传播。当然短视频的制作有着科学合理的流程，在这一过程中，前期准备、策划、拍摄和后期编辑以及短视频发布等都是必不可少的环节，它们之间前后承继环环相扣共同保证了短视频创作能够符合用户的观看需求，也促进着短视频行业的不断发展。

一、前期准备

在目前短视频行业愈演愈烈的外部竞争环境中，短视频创作者需要提前做好准备“功课”。包括根据自身情况找准视频账号的发展定位，这直接关系到所创作的短视频会被赋予何种明确的标签，并专注于何种领域的发展。同时也要从考虑受众需求的角度出发，通过挖掘，明晰用户需求的关键之处，而最终在创作的短视频中精准为用户画像，努力打造出受关注的爆款作品。

而对于这些标签的熟悉和接受程度，从某种意义上也代表了创作者可能会结合自己的风格，找到自己擅长的领域，打造出自己个性化的短视频定位。如同网上很多成功的短视频创作者，他们正是在找准定位，完成个人标签化后，才获得了很多的用户关注，进而扩大了短视频的影响力。一般而言，在对自己即将要开始创作的短视频进行定位时，通常从三个方面来分析：确定自我——即选择适合自身的短视频类型，这应当属于题材定位的范畴；确定价值——这关系到制作短视频内容的方面，实际上属于内容定位；确定短视的风格——这关乎整个短视频创作的基调和风格，属于风格定位。

（一）确定自我——题材定位

具体而言，确定自我的过程实际就是不断进行自我分析和自我梳理的过程。

运营一个短视频个人账号首先要找到自己擅长的领域，并且进一步突出和强化它。目前在大多数视频网络平台上比较受欢迎的题材主要包括以下几类：

旅游视频类，主打旅途见闻，发现各地有趣的事和人。我们每个人都会对自己所处环境之外的地方充满着好奇与探究的欲望，即便是自己生活的区域，如果能从旁观者的视角去探索，也会带来很强的新奇感。这种旅游类视频的创作就满足人们的这种视觉需要，因此能够收获不错的关注度，更不乏成功的例子。

美食探店类视频，这类作品的定位往往抓住了普通人对美食的味蕾向往。创作者通常热爱美食，喜欢对美食作出评鉴，甚至其中有许多还是擅长制作美食的达人。他们用短视频镜头拍出了自己对于美食和探寻美食的经历、体验和感受，形成自己的美食视频特色，从而收获了大量“同有此好”者的关注，最终脱颖而出。还有的会拍摄一些美食的详细制作过程，这又帮助观看者形象生动地了解了制作过程，并增强了他们的动手参与感。这类节目总体看来，创意空间很大，也能吸引大量用户长期观看，形成较为稳定的粉丝群体。

除了上述两类比较主流的短视频类型，还有所谓“励志类”。这种短视频经常现身说法，鼓励人们拥有自强不息的奋斗精神与意志。如某视频号的创作者，就是从生活出发，把镜头指向了在网吧中生活着的所谓“网吧大神”群体。通过对他们的拍摄，并努力劝说他们加入一起干活的团队而离开网吧，来展现这些人回归后的生活状态以及从沉迷网络到重拾辛勤劳动、努力工作信念的精神变化与状态反差，同时也带来了这群人日常工作、休闲、吃饭、打闹的活生生的“烟火气”，有着一幕幕真实的柴米油盐和悲喜交加的上演。

此外，在短视频网络上还有：时尚美妆类、萌宠类、技能才艺类等其他题材定位的作品。当然视频的题材范围也会随着人们多元化的欣赏而不断发生改变。一方面所能涵盖的题材范围有所拓展；另一方面很多前期已经开发出的题材定位还可以再去深化、细化。

（二）确定价值——内容定位

在分析了题材定位之后，需要进一步思考与准备的就是内容定位了，也就是“我想通过短视频创作传递什么样的价值”。

这往往要思考一下自己比较擅长的领域是什么。当然这样会最先想到自己曾经做过的最被人所称道的事情，比如：擅长做饭，被人夸赞厨艺高超；或者做过的手工栩栩如生，被夸奖心灵手巧，又或者声音不凡，歌声优美，为大家所惊叹等。这些其实就是你个人在做短视频的内容定位时所值得考虑的方面，也是实现的基础。即便有可能最后短视频创作的内容呈现与自己擅长的领域出现了偏差，但它也仍是一个初入短视频内容定位阶段的新手所优先考虑的条件。

除了自己擅长的领域可以作为内容定位的重要参考之外，我们还可以将思路拓展到自己学习到的知识技能方面。毕竟曾经专门学习过或者是接触过的领域，那就会比其他人更能凸显优势。在抖音上有个的账号，播主就从自身擅长的医学领域入手，以自身专长展开医学知识的科普与介绍。当然，在此过程中加入了幽默搞笑的风格，形成了自己个性化的表达，从而赢得从运营至今 3 000 多万的点赞量和 800 多万的粉丝。

总体而言，如果说在短视频的前期准备阶段，能够确定题材、大致理清创作思路，就完成了题材定位的框架搭建，而上面所述的内容定位，就如同向框架中填充具体材料，两者结合方能使准备更加充分。我们常说“内容为王”这实际上是在反复强调，有价值的内容呈现才能吸引用户持续关注创作者的短视频，并形成长久的持续效应。况且，短视频的内容还会清楚表达出视频创作者想要传达给观众的思想与价值观念，当然这样的价值观念如能与用户趋于一致，势必会使视频的传播过程不仅有吸引力更有共鸣，这样它的点击和播放量也能越来越高。

对于初次进入短视频创作领域的新人来说，这个内容定位的准备过程，在很大程度上也是在实践中逐步加以完善的。虽然一开始的想法挺有特点，但是由于缺乏足够的曝光率和网络知名度，所以只能一步步去积攒“人气”。不过在这个时刻，还是要坚定自己认为对的内容定位。一方面重视短视频中立意新颖、内涵丰富的内容输出；另一方面，也要持续关注用户的反馈，从内容细节上不断打磨，形成既有成型风格，又不失新颖尝试的作品。这样才能最大程度保持短视频账号的活力与发展。

某视频账号，一开始就是一个小伙子不断更新自己探店寻求美食的经历。他的语言幽默风趣，探店介绍过程详尽客观，赢得不少关注。创作者始终坚持创新，探店足迹从他个人熟悉的地方逐渐向全国各地展开，店家也从一些知名饭馆开始转向更接地气、更为当地人所认可的街头美食。这些都成为吸引更多人观看的元素。除此以外，他的视频号越来越重视在探寻美食之前，加入对当地人文风俗的介绍，并且也使用无人机航拍，进一步提高了视频画面的展现力和文化内涵，加深了观众对于各地风土人情、生活状态的了解与感知。

（三）确定短视频的风格——传达价值

题材定位与内容定位的准备完成后，就要进一步考虑短视频的风格了，也就是“我如何实现短视频想要传达的价值”。

在前期准备阶段最后要考虑清楚的就是短视频的风格定位，也就是用户经常讨论的格调。因为同样内容的视频可以选择不同形式来展示，而且以现在视频制作手段的多样化也可以比较容易满足这种选择。比如，是用一镜到底的连贯视频镜头还是采取多幅画面叠加的呈现方式，抑或是用真人出镜参与拍摄还是选择虚拟人物或卡通形象来完成等。解说部分的处理也可以有评论旁白的方式、街头随机采访的方式等选择。总之，不管是选择一种还是多种并用，这些具体操作到最后都有可能影响到视频整体表现的风格，可以是唯美复古风也可以是幽默搞怪，各种风格就像万花筒一般令人目不暇接。

但是，看上去似乎有着无限可能又似乎无章可循的短视频风格定位，细究之下还是有一条不成文的规则，那就是确定或打造的视频风格要想办法努力挖掘自身亮点、充分结合自己特色，使作品能够突出新颖创意和自身个性。还要对目标用户进行分析，明确短视频要派给谁去欣赏，这里首先是视频的观众或是“粉丝”；其次就是可能存在的潜在用户。要真正了解分析出这些用户通过看短视频最想得到什么，这就是用户真正的“痛点”所在，然后才能把握这种真实需求，并切实结合所做短视频的风格去传达有价值的信息，表达有温度、有共鸣的情感，最终收获认可，形成爆款作品。

具体而言收集或是分析用户需要是有一个过程的，应该在制作短视频的实践中得以逐步完善。不过它仍然是从三个必要的维度进行。

首先，需要注意的是深度。深度的概念涉及用户在观看短视频时的本质需求，是创作者需要在制作中深挖的细节。例如在不少美食类短视频中，初始的风格总是希望能够满足用户的好奇心。但是时间久了之后，观众们就想了解更多健康饮食知识。这时视频创作者就要顺应观众们的需求，适时在某几期调整一下创作风格，加入一些健康饮食方面的解说内容，把整体视频的风格暂时转向信息传达的偏理性化风格，就成为一种合理的选择了。

其次，还要分别考虑和分析用户的细度与强度这两个变量。细度顾名思义就是对用户需要的精准分析。如制作以拍摄展示类为主要内容和风格的短视频时，最好要根据拍摄种类划分出是偏向纪实风格，或是商业风格，还是人像风格等。也可以再将人像风格细化为婚纱、个人写真或者是儿童摄影等。总之，细化的目的很明显是要进一步确定目标用户。强度则是重在了解用户需要的急切状态，这种对所谓“痛点”越是高强度的把握,就越能够帮助他们通过短视频来解决需求。比如:那些做得比较有影响力的恋爱类短视频中，就会敏感地捕捉到恋爱中的男女所要面临和困惑的各种问题，然后通过幽默轻松的风格和准确的分析来给予回答。这对于关注这类短视频的青年观众来说，无疑是在休闲娱乐的氛围中，收获了他们想要的问题答案，也是真正解了他们的“燃眉之急”。

最后，短视频所有内容制作要体现出的价值观念，需要找到适合的传播展示风格。这是制作者在前期准备阶段要思考和解决的风格定位，也会切实地打动观众，达到传受双方的共鸣，进而提高视频在网络平台的播放量。某账号从身处城市环境的白领们想回归自然、追求恬淡的心理出发，采用了一种世外桃源化的视频处理风格，裙裾飞扬、闲适淡然中古风古韵扑面而来，着实吸引了大量目光，也使很多人愿意成为这种唯美又接地气表演风格的忠实“粉丝”。

视频风格从定位到成熟稳定下来是一个不断尝试的过程，当一种被用户所接受的风格确定以后，也需要创作者坚持下去，将它打造为一种烙印于“粉丝”心中的标签，成为持续吸引他们关注的重要因素。

由此我们不妨这样认为，在短视频的前期准备阶段：找好题材是基础，明确具体需要表达的内容是主干，而完善风格定位则是最终吸引观众的关键环节。以上三点如果能够在前期准备时得到切实思考并落实，那可以预见的就是：短视频一旦呈现出来后，就可以使用户观之即能知晓其所要表达的精神内涵，领悟它想传递的情感趋向，从而也能以此推断出它将来播出后的成功与否。这无疑是每一位即将开启短视频账号的制作者所不可忽视的重要阶段。

二、策划、拍摄和后期编辑

当你下决心做一个视频账号的时候，前期准备阶段所要思考的问题会涉及很多宏观定位的方面。但是真正开始尝试着运作起来之后，就会面临每一期视频的具体实施。这里牵涉到在总体定位下，每期视频内容策划、现场拍摄和后期剪辑等。

（一）策划

每期短视频在制作之前，总是需要有策划的环节。这也可以理解为设计好相应的选题。选题的策划要新颖、贴近用户需求。同时好的策划也会让短视频创作者在创作中充分发挥出创造力和想象力，并能够借助故事演绎、渲染情感来激发用户的共鸣。

虽然策划中体现创意是一个非常抽象的概念，但是通过分析不难发现，大量在网上爆款的短视频选题都非常重视内容价值的输出，也都能够激发用户对其收藏、评论、点赞和转发，这也是新手值得注意和学习的地方。短视频行业目前的发展势头非常猛，然而竞争也同样激烈，策划短视频选题的过程也是一个做好用户调查的过程。要将自身短视频的整体定位和用户体验结合在一起考虑，甚至要优先去考虑用户的喜好和需求。另外，选题策划不能左右摇摆，符合风格的内容一经确立就要保证它的垂直型，这样才能引起目标用户的关注，并有效提升视频创作完成后的可看性与专业性，提高用户与短视频之间的黏性。

在短视频选题的策划中还要充分考虑播放平台的行业特性。同时短视频的选题策划，不能一味“博眼球”，甚至导致出现一些与树立健康向上价值观相悖离的内容。遵纪守法，不违背公序良俗，弘扬正能量，这是每个创作者应当谨记的。短视频的选题策划对于社会变化是非常敏感的，所以短视频需要适应这种变化，跟进潮流，并时刻注意根据用户反馈予以调整。

具体而言，短视频在选题策划的时候，尤其是以人物为主时，拍摄前可以尝试从以下这些方面多问问自己。

拍摄主角——策划选题时考虑到拍摄对象具有什么身份，有什么样的属性，这其实关乎未来的用户群体属性。

拍摄设备——这里主要是指工具和设备的准备。如果短视频拍摄的主角是一位职场白领。那么他或她平时经常使用的办公软件、Photoshop 软件、投影仪、打印机等都属于角色的工具和设备。

内在需求——要分析目标群体平时喜欢什么类型的图书，或者有没有看电影、戏剧的习惯，喜欢参加什么专业培训，听什么范畴的讲座等，属于人物精神世界的追求。

环境因素的考虑——在拍摄带有剧情的故事类题材的短视频时，不一样的剧情需要配合不一样的环境，同时周围环境的展示也会对应着不同情节的展开。

除此以外，在短视频创作前每一位创作者都会在策划选题时考虑到一些当前的热点看能否与之建立联系。通常意义上的热点可以在各大网站、社交平台或是热门榜单中搜索到。它们也会被划分为常规热点和突发热点。对于常规热点，无外乎一些大众所熟知或可预见的热点，包括：国家法定节假日、大型体育赛事、热播影视剧、社会需求热点等。这些常规热点往往具有大众广为关注、发生和持续的时间长而稳定、可以提前策划、创作压力较小等特点，但同时大概率会遭遇同质化考验，对视频创意要求高。而突发热点则是指一些无法预见的突如其来的事件或者情况。这些社会热度的事件往往具有很强的突发性需要在最快时间创作发布视频，抓住流量上升的势头，但是也正因为其流量大，关注度陡然很高，所以视频的创意策划需要有一个独特、新颖的视角。

需要特别注意的是，策划选题时刻保持对于社会热点的敏感固然十分必要，然而并不意味着所有热点都应该拿来策划选题，我们必须拒绝盲目蹭炒热点。至于已经完成选题策划并拍摄制作出的视频作品，在发布时还要对各视频平台规则有清醒的认知，毕竟符合平台发布要求的视频作品，最终才能获得传播与推广。

最后，视频的选题策划要注意互动性的体现。尤其在网络上传播，这种互动性往往能够让观众产生强烈的参与意愿和提高关注度。从各大平台的角度，它们也愿意推出此类作品。

（二）拍摄

短视频的拍摄阶段，首先要根据所拍作品的呈现质量以及制作预算来选择购买拍摄设备。这里因为视频拍摄设备的型号太过庞杂就不一一列举了，只按照设备在拍摄过程中的用途大致进行分类介绍，当然对于视频创作的初学者来说，可以在这方面有一个循序渐进的思路，慢慢根据创作需要和发展来提升设备层级不失为一种理智的选择。

短视频拍摄设备从用途和功能来说，主要分为四大类：摄像设备、稳定设备、灯光道具和收声设备。而摄像设备中又可以分为：智能手机、微单相机、单反相机这三种。稳定设备包括：三脚架、手持稳定器。灯光道具方面简单来说，要配备摄影灯。而收声设备是要有话筒这一基础设备。这是从短视频拍摄最为基础的角度进行划分，对于某些预算比较充足的视频创作者来说，还可以加入无人机、轨道甚至小摇臂等辅助设备，或是考虑提高设备的档次与增加数量，以便完成更高难度、更高要求的拍摄工作。

在具体开拍后，想顺利完成拍摄任务，达到预想的拍摄效果，不仅要十分熟悉手中机器设备的性能，还应掌握短视频脚本的设计，以及综合运用一些摄影摄像中经常涉及的景深景别、拍摄角度、光线构图甚至运镜和场面调度等知识。总之，拍摄工作是要精益求精而且必须持之以恒不断练习，才能使自身经验越来越丰富，作品出来的效果越来越高端。限于篇幅，这些具体的拍摄技巧将会在后续有专章专节详细阐述，这里就不赘述了。

（三）后期编辑

短视频的剪辑一般是在前期拍摄完成后，对于一定数量的音视频以及图片等素材完成选择、取舍、分解与组接，最终按照视频创作者的既定思路和想要表现的效果，以完整流畅的视频作品形式呈现出来。

在此，我们重点简述一下短视频剪辑所涉及的六个要素、剪辑的基本流程以及常用的短视频剪辑软件。

首先，视频剪辑前需要知道的六个要素是：信息、动机、镜头构图、镜头角度、连贯、声音。这其中镜头构图和镜头角度以及声音这三项会在后续章节中详细讲述，这里就不赘述了。对于短视频而言，传递信息是其与生俱来的基础功能。在视频领域中信息的传播主渠道自然是视觉呈现了，从人物出镜到场景展现以及情感传达等。在剪辑过程中我们挑选或组合这些镜头时，就要充分考虑到镜头的转换间能否正确传递和衔接创作者需要赋予的信息量。画面唯美、效果亮眼这的确是抓人眼球的重要因素，但是如果一味追求这些，却未能将有用信息传递出去，导致剧情生涩、缺乏逻辑，这样的视频作品无疑难称合格。

动机要素，也可以理解为镜头剪辑时要遵循合理的视听语言。这种视听语言有个专业称谓“蒙太奇语言”。蒙太奇分为叙事蒙太奇和表现蒙太奇两大类。其中叙事蒙太奇就涵盖了在镜头转接中应有的叙事逻辑。比如，上一镜头中人物进入一条巷子，而下一镜头则可遵循此逻辑切换人物进入一幢房子或是出巷子的画面。当然这只是最简单的画面转场，短视频是音画结合的产物，因此声音也会在合理的时刻介入转场之中，达到与画面的完美融合。

连贯要素在视频剪辑中与动机有类似的要求和目标。就是它更为具体地规定了镜头组接中要达到顺畅的三个方面：内容连贯、动作连贯和声音连贯。无论哪种形式，它们最终都是要将不同场景和不同内容的镜头正确匹配在一起，以避免出现画面顺序混乱，与剧情严重不符的情况。

说完几个要素之后，我们再来谈一下短视频剪辑的基本流程。

第一步，采集和导入素材，这是将前期拍摄的音视频素材导入或是复制到编辑设备中。常用的编辑设备可以是 PC 端或是手机端。当然专业一些的做法，还应该将素材给予分类和整理。

第二步，研究和分析脚本，这主要是针对拍摄之前撰写的分镜头脚本进行深入研究，而且这个过程还要结合已导入的素材进行对比和分析，为之后的剪辑工作打好基础。

第三步，视频粗剪，粗剪的含义并不是粗糙和胡乱应付的意思，而是完成剪辑的初步阶段。它的目的在于先挑选内容合适、画质优良的素材，搭建按照分镜头脚本所设计的视频框架。

第四步，视频精剪，精剪是在粗剪的基础上，通过仔细分析和反复观看，对画面、剪辑点再次进行选择、调整的过程。而且这一遍剪辑还要重点考虑音乐的节奏以及音画之间的配合。精剪完成后视频剪辑的大部分工作就算基本成型了。

第五步，合成，这一步骤主要是制作整条视频的片头、片尾，并适当加入解说配音，让视频作品的完成度更高，最终形成成品。

第六步，输出上传，这一步就是根据用途采用不同的视频格式将作品输出；

或是拷贝，或是上传至视频播放平台予以推广。目前比较流行的视频压缩格式为MP4 格式。

最后再来简述一下，目前短视频后期剪辑比较常用的几款剪辑软件，包括 Adobe Premiere Pro、EDIUS Pro、会声会影、剪映、VUE Vlog 等。

Adobe Premiere Pro 简称“PR”，是一款常用的视频剪辑软件。由 Adobe 公司推出，这是一款编辑画面质量比较好的软件，有较好的兼容性，且可以与 Adobe 公司推出的其他软件相互协作。

EDIUS Pro 非线性视频编辑软件是一款专门为广播电视和后期制作环境而设计的视频编辑工具，功能十分强大，支持多轨道、多格式混编、合成、色键、字幕和时间线输出功能。EDIUS Pro 适用于几乎所有的视频格式，是业界公认的视频编辑必备工具。

会声会影不仅完全满足家庭或个人所需的影片剪辑功能，甚至可以挑战专业级的影片剪辑软件。它可以发挥创意并支持完整的影音规格输出。

剪映是一款手机视频编辑工具，带有全面的剪辑功能，支持变速，有多样滤镜和美颜的效果，有丰富的曲库资源。自 2021 年 2 月起，剪映支持在手机端、Pad 端，Mac 电脑、Windows 电脑全终端使用。

VUE Vlog 是一款集 Vlog 社区与编辑工具功能于一身的 App，用户可以通过该软件进行简单的短视频拍摄、剪辑、细调和发布等操作。VUE Vlog 属于社交软件，短视频创作者可以将剪辑完成的短视频直接发布在 VUE Vlog 中与他人分享互动。同时，利用 VUE Vlog 剪辑的短视频也可以保存到本地后发布到其他平台。

三、短视频的发布

短视频在创作完成后就要进入发布阶段，这也是整个制作流程的最后步骤了。短视频发布要选择合适的时间，这样可以为作品带来更多的流量。数据显示：用户在不同时间段的使用场景有不同的比例分布，其中睡觉前的时间段占比58.9%；下班/放学回家后的时间段占比39.0%；工间/课间休息的时间段占比37.2%；午/晚饭吃饭的时间段占比32.8%；上下班/上下学通勤的时间段占比31.8%；节假日的时间段占比30.7%；上厕所的时间段占比23.4%；起床前后的时间段占比19.1%；开会的时间段占比4.2%。

所以，从这些数据中可以大致总结出四个比较适合进行短视频发布的时间段，而且可以参考不同的使用场景发布不同类型的短视频。

时间段一：6:00至8:00，在这个属于大多数人起床或者上班/上学的时段里，是一天中精神最为焕发的时段，因此早餐美食类、健身减肥类以及励志类的短视频比较符合这时段用户的需求。

时间段二:12:00 至 14:00,这个时段是大多数学生、上班族中午休憩的时间。在午休的氛围中，人们往往会比较愿意选择一些自己感兴趣的休闲内容。所以这个时段适合发布剧情、幽默轻松类的短视频，使用户得到学习和工作之余的短暂放松时刻。

时间段三:18:00 至 20:00，来到了大多数人结束一天学习工作的忙碌之后，放学或下班的时段。通常在这个时候不外出的人都愿意选择用手机放松一下。因此这一时段用户会集中刷视频，多元化的短视频类型都可以选择此时发布。其中创意剪辑、生活旅游类的短视频尤为受欢迎。

时间段四: 21:00 至 23:00，这个时段虽然是有些人的睡觉时间，但又是短视频用户数量最多的时间段。睡觉前捧着手机再刷几条短视频成为不少人的习惯。不过虽然人群数量庞大，适宜密集发布，但是情感类或美食类的节目更符合这种场景的设定。

在大致梳理了短视频比较适宜发布的时间段之后，还要注意发布时的一些规律，这样可以有效提高短视频的传播效果。

采用相对固定的时间发布，这里的固定时间主要是短视频发布要形成一定的规律。类似于电视节目相对固定的播出时段，比如固定在每周二、四、六的21:30 等。目的是培养用户固定的观看习惯，也能相对规范短视频的创作安排和工作计划。

短视频可以尝试错峰发布，上面虽然列举了用户使用密集的几个时间段，在用户数量大的时候发布，固然可以得到更多的用户关注，但同时大部分短视频也都会选择在这几个时间段发布,存量相应就会增大,相互之间的竞争压力就高。因此，选择错开这些时段来发布也不失为一种另辟蹊径的思路，尤其适合创意新颖的短视频做尝试。

针对目标用户灵活调整发布时间。对于大部分用户使用场景的描述虽然能显示出他们观看的客观规律，但是还是不够细化与精准。在这个短视频行业竞争渐趋白热化的时代，能够进一步细分用户层级，摸清或照顾到用户的特殊需求，无疑是短视频创作者能够更进一步的保证。比如一些主打“母婴类”短视频的创作者，在发布时段的选择上就应当充分考虑到“宝妈们”需要照顾孩子，以及作息时间以孩子为主的基本生活特点，从而调整好发布的时间。

最后，节假日的视频发布时间也需要重新规划。因为大多数用户在节假日期间都会有晚睡、晚起的生活习惯。在这种情况下，视频的发布就应当考虑到此种因素而采取顺延策略。这样才能够获得相对理想的传播效果。

以上这些在视频发布时所要注意的事项，都是对用户需求进行精准化分析后得出的结论，只有尽可能把细节都做到位，短视频作品才能获得更好的流量收益，取得更大的影响力。

第三章 短视频策划

做好短视频第一步是视频内容的创作和策划。从整体上来看，短视频策划需要遵循一些必要的原则，这些原则也是热门视频的要点。

（1）突出性。要将自己最想要表达的内容放在最为显眼的地方。以单条视频内容来说，在剧情高潮点上凸显主旨，是一种十分有效的方法。直白地向用户展示内容主旨，要比让用户自行去感受强得多。

（2）浅显化。让视频内容更容易被理解。短视频用户非常广泛，想要让自己的内容符合所有用户的口味，显然是不现实的。这时候把内容做得通俗易懂就很有必要了。

（3）吸引力。保证视频内容中存在亮点，这与前面提到的突出性原则有着明显的区别。突出性强调的是要突出视频内容的重点和亮点，而吸引力更强调如何制造和延续亮点。

（4）参与性。重点并不在与用户的互动，而是强调视频内容的可模仿性和可挑战性。

第一节　短视频定位

短视频发展迅速，但竞争也非常激烈，创作者要想在短视频赛道中获胜，就必须做好前期准备工作，特别是短视频账号的定位。在为账号定位时，首先为其贴上清晰的“身份标签”，专注于一个到两个领域发展，而后通过自我分析与竞争对手分析，做好短视频内容策划。在定位工作的整个过程中，创作者要从用户需求出发,构建用户画像,抓取用户的需求痛点,为短视频的快速传播打下基础。

短视频制作的第一步,也是最关键的一步,就是短视频定位。只有定位科学、清晰、准确，才能在制作短视频时做到有的放矢，让后续的营销推广事半功倍。没有准确的定位就进入短视频领域、缺乏长期规划和目标、仅凭兴趣或热情做短视频无疑是不理智的。短视频定位主要从内容、竞争账号和用户三个方面入手：

一、内容定位

1. 切忌盲目跟风

短视频的内容定位就是所创作的视频主要包含哪些范畴。内容定位将决定短视频题材的筛选标准。短视频内容定位的常见误区是“什么题材是最近的焦点就做什么”，这意味着你无法对某些领域进行深挖，永远跟在热点事件的后面，难以打造自身账号的差异性。短视频的内容策划不能盲目跟风，要规避“人人都在做”，但是你自己并不了解也没有任何素材积累的题材。

短视频创作在内容选择上，最简单直接的方法就是选择自己最擅长、最为了解以及最感兴趣的领域，这样在创作过程中才能提高效率、激发创作热情，才能得心应手，让你的短视频在素材资源上都有保障，而不会只做出几个视频后就两手空空，后继无力。例如某短视频创作者，因拍摄农村生活与古风美食走红，她的视频中不仅展示了乡村生活，更让网友惊讶的是她丰富的生活技能。据本人自述，她爷爷是一个木匠，年幼的她很喜欢陪爷爷一起做木工，也喜欢跟着奶奶一起做饭，这些经历成为她视频的宝贵素材来源。找准定位就等于迈出了短视频制作的第一步。当其他人都在扎堆跟风创作某类短视频时，你要做的不是从众，而是找到自己拥有的资源优势。如果要持续做短视频，那么视频内容最好尽量着眼于一个领域，如音乐、美食等，切忌进行高频率的内容跨界，否则会出现“什么都做，但哪个都做不精”的情况。

2. 给短视频账号定“人设”

“人设”，是一个网络流行语，意思就是人物设定，原本是指动画、小说、漫画作品中人物外貌特征、性格特点的塑造。想要长期进行短视频创作并且获得流量就一定要给短视频账号打造“人设”，将其品牌化、拟人化，以便吸引“志同道合”的用户及与用户进行交流，为账号的差异化打基础。短视频账号的“人设”是基于短视频内容定位方向量身定制的，成为短视频最容易被辨认的标志。短视频一旦打上某种“人设”，就可以逐渐渗透到用户对生活场景的认知中。例如前文提到的短视频创作者，她给自己账号打造的“人设”是“隐居于世外桃源却又无所不能的国风美少女”。在她的视频作品中，她种菜、干农活、做“古风”美食，呈现了充满田园韵味的生活，得到众多粉丝的青睐。

二、根据竞争账号确定定位

在为短视频账号进行定位时，我们还需要一种方式，那就是对竞品进行调查。通过对竞争品牌进行分析，观察和了解竞争品牌的做法，从而制定出符合自己账号运营的方案。

竞品分析是一种带有一定主观性的横向分析过程，通过对多个竞争产品的整体选题架构、产品功能、运营模式等多元横向对比分析，获得能够引导自身账号改进或发展的结果。在短视频领域做竞争账号分析，不仅能够深入了解同类账号的动态，及时改进自己的运营计划，为短视频账号的发展拟定可行的方案，还能掌握竞争对手的主要目标群体，以便自己能够适时避开强有力的竞争对手，避免进入胜算低的领域。

要做竞品分析，首先要理解何为竞品，通常来说，凡是和自己同类型的短视频及其账号都可以称为竞品。下面，我们从级别、架构、策略等方面来看如何进行竞品的分类与分析。

1. 从级别的角度了解竞品

在短视频时代，很多个人与企业纷纷入驻视频平台，都想借助平台获得流量，从而实现盈利。在各种各样的短视频账号中，竞品数不胜数，要把所有同类型竞争对手全部进行分析可行性太低，工作量巨大，且囊括范围太大，如不进行进一步细分，得出的分析结果对自身账号的指导意义也不大，因此，我们首先要对竞争账号的级别进行简单的分类。通常情况下，我们可以把竞品分为重要竞品、次重要竞品和一般竞品三个级别。以自己的账号及短视频的水平为基准点，那些内容质量高于自己、发展迅速、非常有竞争力的竞品为重要竞品；内容质量高于自己但发展较慢、竞争力一般的竞品为次重要竞品；内容质量一般，在自己之下或者竞争力不如自己的竞品为一般竞品。对于重要竞品，如果自己难以与之竞争，就主要分析其账号的“长处”，看对自己是否有取长补短的作用，主要实施“避强”定位；对于次重要竞品，主要分析他们的问题，找到超越他们的突破口；对于一般竞品，不建议花费太多时间，简单进行研究，分析其难以发展的原因，以避免出现相似的问题即可。

2. 从短视频账号架构来了解竞品

竞争品牌的架构可以从以下几个方面来把握：

（1）竞争品牌打造的视频内容。主要研究受众喜欢的竞品是怎样做内容的。

（2）视频的功能。了解竞品所做的视频的主要功能，并据相应结果对自己的短视频进行分析，确定自己要细化、深化的产品功能是什么。

（3）与受众的互动。互动是做短视频运营最主要的目的，因此要以受众为切入点进行分析，知道每条短视频的交互优势与阻碍受众评论、转发的问题是什么，以此为基础对视频内容进行改良。

以上几个方面都了解清楚后，短视频创作者可以从自身账号的优势出发，把竞品优势经过筛选科学地融到自己的账号中，不断提升、优化自己的短视频账号。

3. 通过策略分析了解竞品

竞品的策略分析包括竞争账号的定位分析、营销策略分析和营利模式分析。通过对以上三个方面的分析，短视频创作者可以更好地将自己的短视频账号和竞品进行全面比较，进而制作出更受用户欢迎的短视频。

4. 从发展潜力来了解竞品

在短视频平台上，视频账号的发展潜力主要看其粉丝数量增长潜力及市场发展潜力。短视频创作者可以对竞争账号,尤其是重要竞品的发展前景进行分析，了解自己当前所处赛道的用户及市场规模，从而判断自己的视频账号是否有更广阔的发展前景。

三、找准用户进行定位、描绘用户画像

谁是你的目标用户，即你的内容是针对哪些人的？如果你说“每个人”或者是“所有年轻人”，那么这个答案是不正确的。事实上，这也是很多视频创作者最终失败的原因。如果你创作的内容想面向所有人，那么你如何掌握他们的喜好、行为倾向、文化背景……无法掌握这些，你如何确定视频创作的内容方向？所以，如果你的目标是创作出“面向所有人的视频”，那么最终你将一无所获。你的做法应该是瞄准和你有共同兴趣爱好或属于一个“圈层”的人，因为兴趣相近，生活、文化背景相似，他们有很大的概率会关注你的内容。例如某创作者，他的目标受众就是那些喜欢看旅行生活视频的人，这些用户有很大可能不会转到发明博主的频道，去看他的发明。那么如何描绘目标用户画像呢？你可以尝试问自己下面几个问题：

（1）目标用户是男人、女人，还是全都包括？

（2）目标用户的年龄？建议选择年龄与你自己年龄上下浮动 5 岁之内的人作为你的受众，这样沟通起来会更加顺畅。

（3）他们在怎样的行业从事什么职业？

（4）他们的兴趣爱好大致是什么？对什么更有热情？

（5）他们经常登录的社交平台是什么？（三个以内）

（6）他们在抖音、快手上观看的最有影响力的几个博主都是谁？

（7）他们的家庭情况是怎样的？例如未婚、已有配偶、是否有孩子、家庭架构等。

（8）他们的年收入范围是怎样的？

（9）他们是如何支配收入的？

（10）你能为他们提供什么帮助？解决他们的什么问题？你可以通过这些问题锁定你的目标用户，而一旦你锁定了他们，你就必须构思好自己能为他们提供怎样的视频内容？更新频率是怎样的，以周为单位更新还是以月为单位更新？提供社交、知识、娱乐、情感还是其他类型的信息？很多视频账号无法发展壮大，问题就在于创作者从来没有花时间去描绘自己的目标用户画像，也没有提出一个清晰的目标价值，甚至没有挖掘用户为什么要去关注他们的内容。

成功案例分享

一位博主由于热爱美食，开始动笔写食谱博客，写了一段时间之后她发现图文没办法更深刻完整地表达自己想告诉大众的内容。于是她开始拍美食视频，视频投放后效果很不错，她渐渐地成为美食网红博主。后来，她推出了自己的系列短视频。先生也加入进来，与她共同创业。

每推出一道菜前，她会不停地做试验，了解原材料的用量、烹制的火候等。制作最烦琐的一次，为了烹制蛋包饭，她足足试了 20 多次。这种美食徐徐呈现的过程令人惊艳。

她平时很喜欢与粉丝互动，还会给他们布置作业。粉丝中不少人从完全没有做菜经验，到热衷于做菜，成了烹饪达人。“在创业前，我反复确认过一件事，就是把兴趣当作事业后，还是否有持续学习的热情与动力。”

通常境况下，她也会翻阅菜谱书籍，收看传统的美食类电视节目。正所谓厚积薄发，当她积累到一定程度后灵感就源源不断迸发出来。每当有灵感时，她会快速将它制作出来。想要长期拥有忠实的用户，抓住他们感兴趣的点，贴近他们的生活，提高视频对用户的“实用性”，同时在业务上展示专业性，这些非常重要。

她的走红除了基于对美食的热情并且全心投入外，对内容近乎偏执的打磨也是最主要的因素之一。在激烈的竞争中她没有忘记初心，始终保持目标明确，一旦最终目标清楚了，观众定位好了，重点设定好了，那么视频创作就成功了一半。

第二节　短视频标题的拟定

很多人都知道短视频标题对于视频效果的影响，但理解不深，大多数人视视频标题为花边点缀，视频的质量才是关键。但如果没有一个吸引人的标题，那么大部分人不会花时间点开这个视频，内容再好也仍然无济于事。要打造好的视频标题有以下几种方法：

一、靠名人的高关注度来获取点击

如果你的视频内容能和知名度比较高的人关联起来，那么可以考虑将这些人物的名字放在标题中，这是吸引用户最简单的方法。

二、显示专业、展示权威

多数人在内容创作中经常会碰到一个问题，那就是挖掘的人物虽然很强大、很权威，但是却没有很高的知名度，在这个时候，我们可以利用他们的专业、经验等获得大众的认同，进而吸引注意力。

三、热点事件

如果没有好的标题拟定方向，那么不妨思考一下标题的内容是否可以关联热点事件。几乎所有的重要节日都是热点，例如情人节、母亲节、五一劳动节、中秋节、国庆节等。

四、多用具体数字

如今无数信息围绕着我们，数字能够更具体表达信息。

（一）数字标题的优势

大家习惯了快速浏览、筛选，以便最短时间内找到自己需要、感兴趣的内容，因此，标题一定要醒目、一目了然，下面我们看看数字标题的优势。数字有以下三大优势：

（1）辨识度比较高。数字能迅速引起用户注意力。

（2）预期具象化。现在用户阅读时间越来越分散，而数字能让人明确基本的预期，使视频架构重点一目了然。

（3）具体直观。数字能够更直接地传递信息，让用户快速了解你所要传递的内容，同时，研究表明，大多数人对有数字的内容更加敏感，数字可以说自带吸睛功能。

（二）数字会使得传播效果事半功倍

数字在我们拟定标题时有无可比拟的优势，那么什么类型的数字会使得传播效果事半功倍呢？

（1）年龄。在标题拟定中，人物的年龄数字出现已经不是一件新鲜的事情，年龄代表着经验、经历、对成功和失败的总结，只有和这些信息结合，代表年龄的数字才能赢得用户的注意。例如年龄数字小要突出年少有为，年龄大要对比彰显老当益壮，年龄不大不小的就得找其他角度。

（2）时间。代表时间的数字和代表年龄的数字一样，不能仅靠数字来达到聚拢注意力的效果，在标题中也要经验、能力相结合，达到对比突出的效果。耗时长的与厚积薄发、匠人精神相结合，耗时短的是天赋异禀、进展迅速。

（3）代表钱的数字。代表钱的数字大多数人都会感兴趣，常见的和钱相关的数字有：工资、身价、价格、估值、融资额等。

（4）用数字替代形容词。其实只要你愿意思考，很多内容都能用数字进行表达或强化，还会比用形容词更好，因为大多数情况下形容词对我们来说是较为模糊的表达方式，而数字则是有辨识度的表达方式。例如大小、长短、快慢、远近，这些都可以用数字来做具体的诠释。将形容词改成数字后，比原本的标题震撼力更强，提升了传播效果，因此，在你撰写好视频内容后，都应该将其通读一遍，提取出所有带有数字的信息点，分析哪些数字更吸引用户，能让用户阅读后感到震撼，最后将这些数字放在标题中。

五、引入能够引发用户共情的词句

新媒体时代的内容创作，都应该是互动式的。在传统媒体时代，内容创作是表达，而新媒体时代内容创作的核心应该是沟通。新媒体时代用户感兴趣的内容，一般是“视频和我有关”，或是“视频对我有用”。如果你创作的内容和用户的生活没有关联，那么无论你的构思如何精彩，也无法吸引到他们。因此，我们在拟定标题时要引发用户共情，增加他们的代入感，让用户体验到“视频和我有关”，或是“对我有用”。按照这一逻辑，在拟定标题时有四种方法更容易引起用户共情，让用户在第一眼看到标题的时，觉得这个视频是和“我”有关的，这样可以大大提高视频的点击率。

六、在标题中加入你的“人设标签”

例如，一名大学生、天蝎座、“00后”、不能吃辣等，只要我们的标题中明确这些“标签”，对应的用户就会觉得这个视频与自己有关。

七、凸显回报

这类标题会让用户觉得：看了这个视频能够有很大收获。即使有的视频内容对看的人本身没有太大帮助，但这类型的标题会让他觉得这个内容可能对别人有用，增加了其分享到朋友圈中的可能性。

八、将标题“场景化”

将视频内容中解决的或遇到的问题具体到不同的场景中会使内容价值更为直观，给用户留下更深刻的印象。用户看到此类标题，更容易在脑海中自动生成画面，标题的场景会和用户经验中相似的场景产生共振，自然受到用户的青睐。

九、分析情绪

我们拟标题，抓痛点也可以进行参考。在拟定标题的过程中，我们应该对人的情绪进行分析，以便撰写出更贴切视频内容的标题。

一个好的标题能让视频锦上添花，而一个不好的标题则会让作者的努力付之东流。前面罗列了九个打造标题的方法，可以应对大多数的情况。但在实际操作过程中，我们仍有可能走进标题拟定的误区。例如，标题不能让人一眼看懂。这不是在低估用户的理解能力与反应能力，而是用户在筛选信息的过程中，可能只留给你几秒钟甚至更短的时间。如果无法让用户在第一眼注意到你的标题，那你很有可能已经失去了被他点开的机会。为了避免这样的问题发生，大家拟标题时尽量多用短句、与常用字词，尽量不用太长的句子与生僻字，同时，逻辑要清晰，语句要流畅，避免因为这些问题导致标题混乱不堪。

其次，同一个词不要在标题中出现两次，如果有，就尝试换一种表达方式。无论是短视频创作、纯文字分享还是音频作品，同一个词在标题中反复出现会让用户对视频创作者的创作功底产生怀疑，进而失去内容展示的机会。再次，标题中只引入最重要的信息点。有的人在拟定标题时对视频内容的信息点无法取舍，想要在标题中一股脑地展示出来，前文我们提过，用户给创作者的时间有限，标题内容太多会让用户觉得不知所云。

最后，在拟定标题时，我们要考虑这几个问题：①视频是给谁看的，用什么身份“标签”会比较好？②创作这个视频主要想要表达什么，可以引发用户什么样的共鸣？③用户点开了我的视频能有哪些收获？④视频里有哪些比较常见的场景是大多数人都经历过或是将来会遇到的，怎样描绘场景才能更大程度增加用户的代入感？对这些进行分析、提炼，最终拟定标题，一个恰到好处的标题便诞生了。

第三节　短视频选题、内容策划

在策划短视频内容的过程中，我们需要注意短视频选题策划、前期的素材积累和短视频内容风格的把握等。

一、短视频选题策划

短视频的选题策划不是一次性的。任何一个短视频创作者想要长期发展，就必须慎重对待每一次的选题策划。现在生活节奏快，用户的爱好、需求等变化也随之加快，因此短视频创作者必须紧跟这种趋势，关注潮流风向，并根据用户的反馈不断调整选题的节奏。

短视频选题节奏的技巧包括选题由简单到复杂、引导用户互动和焦点事件穿插使用等。

（一）选题由简单到复杂

如果以制作系列短视频为目标，那么要注意这些短视频的选题一定是相关联的。尤其是当你计划要做垂直性短视频，这类短视频通常在一个领域深耕。为了能够长期吸引用户，短视频创作者在选题上应当从简单到复杂，引导用户一步步进入你创作的视频“世界”中去。一般情况下，看这类短视频的大部分用户此前没有掌握此类的专业技能，或对这类知识了解得不多，如果一开始就选择比较复杂的选题，相当于提升了视频的“门槛”，让目标用户望而却步，导致用户的流失。

（二）引导用户互动

能够引导用户有效互动是影响短视频流量增长的关键因素。用户参与的积极性越高，短视频就越可能被转发和分享。一般来说可以通过调整选题节奏来提高短视频的转发率。例如，短视频创作者可以在某一期视频中，针对视频内容的一个点向用户征集看法，让用户很自然地参与讨论。创作者可以从用户讨论度比较高的事件中汲取灵感，将其作为另一期短视频的主题，这样不但会激起用户的好奇心，还会起到激发用户参与积极性的作用，从而维持目标群体的长期关注。

二、短视频内容策划

（一）短视频创作的素材积累

为了保障短视频账号内容的持续输出，更有效率地创作出高质量的视频内容，素材累积是需要短视频创作者重点考虑的问题。视频素材储备，不但能为打造高质量的视频内容提供参考，也能为短视频账号的稳定运营打下坚实的基础。

1. 建立素材库框架

素材积累的第一步是根据短视频账号内容定位明确素材搜集的范围，将短视频定位涵盖、延伸的内容进行分类，形成素材库的目录。例如，如果短视频账号的定位是影视解说，那么影视解说的内容又可以进一步按照影视剧解说与品评进行划分，也可以依据影视剧的类别来归类，或者按照影视剧的知名程度、出品方等来划分。短视频的创作者可以根据自身视频账号的需要，选择合适的角度来拟定素材库的框架。切勿在搜集素材时毫无方向、来者不拒，这样大大增加视频素材搜集的工作量且会影响短视频创作题材的选择。

2. 在明晰方向的前提下尽量拓宽素材搜集渠道

素材搜集可以通过以下途径进行：

（1）在用户活跃的短视频 App 上寻找素材。随着短视频平台活跃用户的不断增多，各类短视频 App（如快手、西瓜、抖音、秒拍视频等）上的内容类型全面，涉及受众日常生活、职场的方方面面，创作者可以用这些平台上的资源来丰富自己的素材库。

（2）从长视频网站寻找合适的内容。除了短视频 App 以外，长视频网站上存在大量的内容丰富极具创意的视频，例如，爱奇艺、优酷视频、腾讯视频等，这些长视频网站上的视频内容虽然很多不能直接使用，但能够为短视频内容创作提供灵感。

（二）常见的短视频内容类型

1. 幽默类视频

视频内容就是要给用户带来快乐，幽默类短视频以风趣、解压、娱乐性强的特点备受人们的青睐。因此，在创作短视频时，可以有针对性地融入一些幽默元素，也可以运用不同的创意方法技巧处理一些比较经典的内容场景，还可以通过“恶搞”的方式对生活中的一些常见的场景进行编辑处理，打造出让人会心一笑或者开怀大笑的短视频。这类短视频的目标用户范围较为广泛。

2. 才艺展示类视频

在短视频平台上，才艺类内容非常容易吸引受众的眼球。抖音、快手等平台上坐拥百万粉丝的音乐类、舞蹈类、绘画类、手工类“大 V”比比皆是。

例如，某抖音用户就因为在国外用古筝弹奏各种乐曲而在抖音走红。她凭借高超的古筝技艺以及很少人有涉及的题材，取得了非常大的成功，在抖音上积累了六百多万的粉丝，在才艺乐器这个领域可以说是一个非常有影响力的网红了。

在短短数月收获大量粉丝的简笔画网红是一个普通大男孩。他刚毕业已经是抖音独家签约作者，粉丝近 130 万，单条短视频创下 5 600 万阅读量，150 万点赞数，月入上万元。

2017 年底，他无意中看到朋友在玩抖音，觉得有趣，就打算自己也在抖音上开一个账号，专门发自己画的简笔画，还开玩笑似的跟朋友说自己会“火”起来。没想到，他的账号开通才一个多月粉丝量已经近百万，4 个月后已有粉丝 130 万。在他的短视频中，他用最普通的写字笔，和手边最平常不过的工具，将英文单词“CAT”画成了一只猫。这个视频浏览量达到 5 600 多万，点赞有 150 多万，两天内就涨了 30 万粉丝。4 000 多人给他留言说被惊艳到了。关注他账号的基本都是年轻人，特别是一些孩子家长、幼师。

3. 视频“黑科技展示”

“黑科技展示”，就是利用特效等营造炫酷、有震撼感的视频内容或视频画面。这里的“黑科技”是指短视频创作者利用相关软件创作出来的在生活中一般不会出现的效果。此类短视频能够营造或炫酷、或梦幻、或宏大的场景，给人带来强烈的视觉刺激。基于画面制作的难易级别，还可以分为平台型、技巧型和专业型特效。

2017 年 12 月底，一个抖音用户在短视频平台发布了一条视频。在视频中的他穿着黑色连帽休闲衣，头上戴着一张不露脸的黑色面罩，一拳下去，就把“一盆玉米粒砸成了爆米花”。这条视频一经发布，就收获了几十万点赞。

4. 街访

街访源自访谈。访谈就是以谈话交流传递有价值的信息。传统的访谈常见于媒体的新闻类节目中，记者与被访者有目的进行交流，得到具有传播意义的真实信息。但随着媒体内容的扩展，访谈所囊括的范围越来越广。短视频创作者可以把这种形式运用到视频内容创作中，通过街头访谈挖掘出有趣、有用、有深度的信息，选择大众关注的具有一定特殊度的话题，通过提纲设置、访谈技巧找出真实、有趣的回答，从而引起用户的关注。

创作街访内容的时候要注意：

（1）话题要贴近生活，内容要具体新颖。相比过去“你幸福吗”这样的问题，在街访中涉及情感、工作等问题更贴近生活，更容易得到“走心”的回答，也容易夺取视频用户关注。

（2）街访内容节奏要快，整体简短、直白。短视频平台信息碎片化决定了街访节奏和内容。过去我们对访谈的印象是细细道来、由浅入深，但如今的街访短视频剪辑节奏快，有个性的内容要尽早出现。

5. 产品测评

产品测评视频，保证视频内容的客观、真实、有效是关键。产品测评内容一般先“测”后“评”，通过对某类产品进行使用或直接采用专业设备、按照一定的标准对产品的做工、性能、材质等进行检测，然后总结测评结果，分享给用户。这类视频的价值在于能帮助用户从众多产品中筛选出质量有保障、性价比高的产品。产品测评视频能够持续吸引用户，取信于人的关键是测评人一定要客观公正，测评的方式、类目、对产品属性重要性的排序要统一、科学，不能从自己的喜好出发，随意对产品进行评价。在这类短视频中，创作者一般会把评测产品品牌、购买方式展示出来。产品测评类内容可以分为两类：一类是专业性比较强的测评，这类视频内容向“测”的部分倾斜，利用专业的手段、严格的行业标准对产品进行评测，视频内容中专业术语、测评数据比较多，考虑到用户的观看体验，也会用简单易懂的词语对专业术语、数据进行解释，归纳测评结果；另一类是体验式测评，这类视频侧重“评”的部分，“测”的部分基本依据使用者的直观体验（如产品的外形、使用难易程度、功能等）进行描述，为了提升受众观看体验，会以风趣幽默的形式结合不同场景来展示。例如，某抖音用户，他的账号定位主要是帮助大众测评有一定争议性或技术尚不够成熟的产品，在产品类别上则没有什么限制，覆盖了人们衣食住行等各个方面，且基本是用户日常生活中使用频率很高的产品，包括洗发水、护肤品、家用电器、手机等。因为该账号一直以来都秉持着客观公正的态度进行产品测评，因此粉丝增长速度非常快。

6. 知识、技能分享

此类视频注重分享知识以及帮助用户掌握某些生活技能，因为实用价值比较高，是很容易“涨粉”的短视频类型。这类短视频内容涵盖面非常广，包括财经商业知识讲解、人文历史知识普及、职业职场技能传播、科学科技知识推广等。创作此类短视频时，要注意用户的生活阅历、知识水平等，短视频内容不能晦涩难懂，要能引起用户的兴趣，让用户有动力看下去而不是中途放弃；还要注意视频内容实用性要强。视频要逐渐形成自己的风格特色，形成标志性的符号，并促使用户转发、分享。例如，某抖音账号，每一期的视频内容都围绕着人们生活中常见而又“冷门”的主题展开，如“一朵云居然重达500吨，为什么它还能飘在天上，不会掉下来？”“地球94%的生物都在海洋，海到底有多深，人类在深海发现了什么？”辅以轻灵、轻快的音乐与条理性、逻辑性很强的解说词，辨识度很高，快速吸引了大量的“粉丝”。

7. 街头拍摄

街头拍摄，指摄影者在街头捕捉新鲜的时尚元素，用专业设备拍摄并传递出来的活动，最早出现在时尚杂志上。街拍鼓励人们在生活中寻找时尚亮点，画面靓丽自然，是很受时尚年轻群体欢迎的视频内容。如果选择随机街拍作为短视频内容的话需要注意拍摄要得到被拍者的同意，避免侵犯他人的肖像权。

例如，某抖音账号，虽然每一个视频都在十几秒到几十秒之间，但会通过简单的场景与人物肢体动作、表情展示一个个小故事，为视频增加了趣味性，而且这个账号有自己固定的模特，时尚的服饰搭配大大提升了用户的观看体验。

8. Vlog 生活记录

Vlog，视频博客（Video Blog），是一种集文字、图像、音频于一体的内容形式，主要功能是记录创作者的生活，可以把它简单理解为视频日记。Vlog 能够被大众所接受，主要归因于它的三个优势。第一，与传统的文字、图片的表达方式相比，经过拍摄、剪辑、配音、字幕的 Vlog 视频可以呈现更生动、立体的视听效果，承载更加丰富的信息量。Vlog 在内容呈现、情绪表达传递方面，拥有明显的优势。第二，与其他目的性、针对性较强的 PGC 节目相比，Vlog 更生活化、真实、自然流畅的表现方式填补了短视频领域的审美空缺。第三，除了内容方面的优势外，Vlog 在拍摄制作方面门槛比较低，有时甚至只需要手持简易设备，就可以实现边走边拍，独立完成一部作品。

在拍摄、剪辑 Vlog 的时候，切勿将视频内容变为寡淡无味的流水账，要主次分明重点突出。例如某抖音用户虽然她拍摄的内容很多都是日常生活中的琐事，比如出去见朋友、午睡起来去上自习、毕业搬家等，但每一期都有侧重点，例如出去见朋友重在分享自己的穿搭，出去上自习重在体现半路经过面包店购买的美味面包等。

9. 探店

探店是指视频创作者到线下实体店中进行探访和体验，并用视频记录并分享给受众的过程。这类短视频更适合餐饮、旅游等体验性比较强的行业，探店视频向用户展示店铺环境、服务细节等，并做出评价。探店类的短视频一般会被平台打上地域标签，便于只向相关地域的用户精准展示，达到引流的目的。

10. 形象改造，制造反差

形象改造是以人为对象对其形象进行改造，包括服饰、发型、妆容等。这类短视频主要通过展现视频中的人物改造前后的反差来吸引用户的注意。某抖音账号定位就是帮助普通人找到最适合自己的造型，他会在街上随机寻找目标对象，通过与对方简单沟通，征得对方同意并对其形象进行改造。选择的对象包括职场白领、大学生、家庭主妇、服务员等。他们会被打造成时尚潮流的形象，和之前的形象形成巨大的视觉反差，并以旁白的形式讲解改造的要点，吸引了大量用户的关注。

11. 攻略类视频

这类视频主要为用户提供解决方法或指南。攻略是指日常生活中完成某个目标的方法指南，涵盖内容很广，如旅游攻略、人际交往攻略等。短视频创作者通过提供某个领域有价值的信息，为用户遇到的问题提供解决方案，也是凸显能力、明确账号定位的方法。例如,某抖音账号通过短视频为用户推荐有趣的景点，以及各个景点的人文历史，住、行、吃等的最优的消费方式等，覆盖了吃喝玩乐购等各个方面。

（三）短视频创作要注意的问题

1. 注重内容的新颖性

视频内容要有新颖的创意，创意的概念比较抽象，因为不同视频内容加工的角度侧重点都不相同，因此创意并没有绝对统一的标准框架。不过通过分析那些头部短视频不难发现，它们都有一个共性，那就是内容新奇、别具一格。这种创意并不容易复制，但是我们能够分析其创作思路创意点。例如某账号，他是一个专拍宠物的抖音用户，在他拍摄的视频里，一只温暖可爱的金毛犬是主角。狗的主人抓住了金毛犬温顺可人的特点，将狗与主人日常生活展示在人们眼前，有狗和主人分享美食的；狗在主人生病期间照顾他的；狗帮主人做家务的……其间虽然有一些让人哭笑不得的场景，但最终都会让人感受到金毛犬对主人无私的爱，温暖一笑，视频风格整体是治愈向的，在平静的生活场景中时不时有一些小波澜，引发人们的情绪，在让人感觉到岁月静好的同时又不至于乏味，视频创作者对内容节奏的把握可谓非常到位了。

同样是以拍摄宠物为主的视频，抖音上另一位用户的内容风格就完全不同。

她的视频最大的特点是将宠物与声音、场景相结合，每一条视频都是一个简短的小故事，虽然就两三句话，但情节生动，故事完整，通过后期配音的方式让宠物“说话”，并通过字幕、配音赋予宠物“痞气”“狡黠”“慵懒”等特点，和视频中猫的形象反差鲜明，视频风格幽默、可爱，让人不自觉沉迷进去。

需要注意的是，内容的新颖并不意味着所有的素材都是大家从未见过的，例如以上两个抖音用户都以常见的宠物作为视频内容，但通过不同的创作手法让观众在看视频时耳目一新。视频的风格、特效、对经典事件的多元解读方式等都属于本书中提到的内容新颖的范畴。例如同样是对一个事情进行创作，有些创作者的创作方向为将事情本身原原本本按照时间线呈现给大众；有些创作者则从法律角度对这个事情进行解读；有些则以此次事件为“引子”聚焦部分网红的行为……同样的题材，不同的解读方式，这样才能避免受众由于失去新鲜感而流失。

2. 要会讲故事

会讲故事，就是以跌宕起伏的情节提升短视频的代入感。在我们的生活中并不缺好的故事，缺的是如何将故事进行加工以达到引人入胜的效果。策划短视频内容也是，创作者要抓住用户感兴趣的关键点，依据时长把握故事节奏，制造情节矛盾、巧设拐点，使用户身临其境，能够和剧中的人物共鸣，以达到强情感共鸣，这样才能吸引更多的用户观看、点赞、转发，最终被故事折服，成为你的忠实“粉丝”。做故事性内容策划时要注意以下几点：

（1）主题清晰，是讲好故事的前提。拍摄短视频之前，要明确短视频要讲述一个怎样的故事,故事的核心是什么,往哪个方向发展。只有故事主题明确了，创作风格才会清晰，短视频内容才能更具吸引力。主题就是通过故事要告诉受众什么道理，要传播什么价值，是剖析人生哲理，还是总结工作经验，抑或表达对职场、人生的观点看法等。明确了主题，下一步才能有针对性地寻找素材，同时设计具有特点的故事角色、语言风格等。

（2）确定故事类型。故事主题定下来之后，就要决定能够表现故事核心的故事类型，比方说，是爱情故事，还是亲情故事？只有明确了最适合展现故事主题的类型，才能将其完美地呈现给用户。在短视频领域，通常有以下几种故事类型。

①逆袭反转。在短视频中，可以设计角色登场前与登场后的身份反差，凸显逆袭的效果，从而吸引人的眼球。

②与爱情相关。爱情是年轻人永恒的热门话题,和爱情有关的内容,如热恋、分手、告白等故事情节，相对来说都会吸引年轻人的注意。

③创业背后的故事。展示成功人士背后人们看不到的曲折历程，凸显成功不易，励志的同时会给观看的用户带来平衡感。

④反映亲情、家庭的故事。呈现亲情的力量或由于家庭成员的年龄不同造成了认知、行为的错位。

（3）设定鲜明的故事角色。确定故事的主题类型以后，就要精选角色，因为故事的主题需要角色来承载，只有角色设置得合理、明确，才能凸显故事的主题。在拟定故事角色时，需要注意两个问题。首先，主角必须要与故事风格、主题相契合。什么样的故事风格，决定着选择怎样的角色，表现严肃价值观的故事很难通过滑稽演员表现出来，幽默搞笑的故事也很少让面部表情呆板的主角来演绎，因此故事主要角色的形象、气质等一定要与故事的主题风格贴合。其次，视情节需要设定次要角色。当仅凭主角一人无法将故事的主题完整展现出来时，就需要设计次要角色。次要角色是依据故事情节的需要进行配置的，主要是辅助主角更好地展现故事的主题。

（4）需要填充细节。想要通过短视频讲出好故事，首先需要找到好素材。短视频创作者要根据设定的主题寻找故事素材，应以故事主体、风格为主，人物形象为辅，经过仔细筛选后，留下和主题贴合的故事素材，才可能讲出好故事。给故事填充细节要注意最好是亲身经历的事情。每个人都有自己的生活，我们生活中经历的那些人与事是最生动、最真实的，因为体会深刻，也便于作为故事素材进行加工。我们可以以故事主题为基础,从自身生活中寻找最切合主题的素材，这样创作出的短视频才会有血有肉，更具有感染力。而在短视频的表现形式上，可以采用多元的手法。比如用第三人称进行叙述，用第三人视角解读整个故事，会提升受众的代入感。在选择自身生活中的素材时,可以从以下几个方面来思考。第一，生活中最开心事情是什么，最想跟人分享的事情是什么等。也许生活中的故事平凡，但创作者由于感受深刻，以此为素材创作的短视频往往更具真实感。第二，生活中失败、失意的事。每个人的人生都有失意的时候，回想一下自己难以忘怀的失败的事情，经历失败后的情绪变化以及有哪些经验教训等，可以以此为引，给受众分享自己所犯的错误与总结的经验教训。这些内容对别人来说是很有价值的。第三，自己喜欢的书、影视剧等。在日常生活中，总有那么几本书让自己印象深刻，自己从书中学到很多知识，或有了不少感悟，甚至改变了自己的一些观念，创作者可以将其简化为小故事，作为短视频的故事素材，来传递正能量。另外，还有不少经典的影视剧，只要是创作者想要分享的，都可以从中选择精彩的情节作为创作短视频的素材，当然，不能局限于影视剧或者书本内容的堆砌，最重要的是要结合自己的理解来谈。

其次，要增强故事情节的冲突和戏剧性。一个故事是否能够引人入胜，故事情节是否存在激烈的矛盾冲突非常重要。没有波澜的故事就像流水账，平淡无味，很难让受众提起兴趣观看。在进行短视频创作时，需要把握故事节奏，注意矛盾冲突的节点，也为短视频营销制造话题打基础。而且在故事情节中设置矛盾冲突，还能突出人物性格，塑造更加饱满的人物形象。故事中戏剧冲突的表现形式有很多，如利益冲突、认知冲突、情感冲突、内心冲突等。通常来说，可以从三个方面来设置矛盾冲突。第一，设计得失对比。得到和失去，反映丰满的梦想和骨感的现实是故事塑造时常见的桥段。这样的冲突因为凸显了得到的不易，更加真实，更容易感染人。第二，通过不同的人物性格的冲突制造矛盾。在设计故事矛盾冲突的情节时，也可以利用人物性格的对撞制造出强烈的矛盾。人物性格的对撞可以是一个人性格的转变造成的对冲，也可以是故事里主角和配角性格的反差造成的矛盾，以此来推动故事的发展，使其更具吸引力。例如在讲述创业的故事里可以利用人物内心矛盾塑造丰满的人物形象，在创业过程中遇到困难与挫折，是沿着心中的梦想坚持走下去还是放弃？这种矛盾纠结能将故事中人物的感情很好地传达给受众，让屏幕前的受众随着问题的抛出一起估算得失，做选择。也可以在故事中设置人性中的善与恶的对立矛盾。故事中的好与坏的对立极易引发用户的共情，因此在短视频故事中可以夸张的手法适当放大这些对立。

还要注意要给故事设定拐点，让故事有一个“神转折”。拐点就是指故事情节发展中的转折点。在编创短视频故事时要巧妙安排拐点，使故事情节跌宕起伏，紧紧揪住人们的心。

故事拐点的设置要有新意。在编创短视频故事时，不能按照人们通常的思路来设置剧情，否则故事让人一眼能看出结尾，会大大消减故事的趣味性。这就需要在故事情节发展中设置的拐点出乎意料，也就是我们经常说的“不按常理出牌”。故事拐点安排要自然，不能为了反转而反转，生搬硬套。故事拐点的安排要符合故事中角色的经历、成长环境等，最好还要辅助以一些暗示转折的细节，这样更容易被人们所接受。例如，某抖音账号发布了这样一条视频：内容是爸爸给妈妈过生日，在蛋糕店买了一个生日蛋糕，儿子由于忘记准备礼物，为了弥补对妈妈大献殷勤，帮她收拾东西、清理桌子。由于手忙脚乱，捆蛋糕盒的丝带刚剪断，他又忙着干别的，顺手将蛋糕盒放在了椅子上。等收拾完桌子后，他将蛋糕盒放到了桌子上，大家准备拆蛋糕（铺垫）。结果拆蛋糕时，爸爸发现只有蛋糕盒和盖子，里面的蛋糕不见了。蛋糕哪去了呢？原来他在递蛋糕的时候，将蛋糕遗落在凳子上，只把蛋糕上面的盒子放在了桌子上。所以蛋糕就这样被他坐坏了。

3. 弘扬正确的价值观

要想让短视频在视频平台上得到有效推广，就必须塑造正确的价值观。具有正能量的短视频才能得到用户长期的认可，为了获得一时的人气的短视行为只会逐渐削弱视频账号的生命力。

第四章 短视频的拍摄

短视频的拍摄过程对于短视频来说是至关重要的一步，短视频的质量可以说很大程度上取决于拍摄过程。拍摄前准备工作是否充分，拍摄场景、设备和道具的选用是否合适，拍摄的画面构图、景别、角度的设计是否恰当，拍摄时光线和色彩的技巧运用对画面的提升以及不同拍摄主体和不同类型短视频的独特拍摄技巧的运用程度等都会影响最终的短视频成片质量。因此熟悉短视频拍摄的相关流程，掌握拍摄技巧是短视频创作中非常重要的知识内容。

第一节 拍摄前的准备工作

在进行短视频拍摄前，需要做好一系列的准备工作。例如，要明确拍摄主题和拍摄目的、提前准备好拍摄脚本、组建好拍摄团队、提前做好拍摄场景的取景选定、准备好拍摄要用的各类设备和道具，拍摄前的准备工作是能够顺利进行拍摄的基础和保障。

一般来说拍摄的主题和拍摄目的在策划阶段就已经确定了，我们想要表达什么内容，传达什么信息，拍摄什么类型主题这些都已经明确后，就可以着手准备拍摄了，并主要做以下几方面的准备工作。

一、拍摄脚本的准备

拍摄脚本是指导拍摄的工作提纲，需要列明拍摄过程中所要遵循的要求，也是拍摄团队的工作指南。拍摄团队、拍摄设备、拍摄的场地、时间、道具以及拍摄的镜头运用光线和景别等都要根据脚本要求进行，相当于视频拍摄的灵魂，拍摄脚本基本确定了视频风格。想要创作优质的视频，拍摄脚本的准备不容忽视。一般来说拍摄脚本可以细分为拍摄提纲、文学脚本和分镜头脚本，它们分别适用于拍摄的不同阶段和不同人员使用。

短视频拍摄中，由于短视频时长短、拍摄内容少等原因，短视频的拍摄脚本一般不会特别细分，如果有较为复杂的视频片段会辅以分镜头脚本。

一般短视频拍摄脚本主要内容包括：镜头内容、景别、台词、运镜、道具等内容，根据需求会有一些小的差异。

表 4-1 拍摄脚本

镜 号	拍摄地点	镜头内容	景 别	时 长	备 注
1	宣誓场地	入党宣誓	全景，由远及近	00：01：25	5~7 人入党宣誓，出现入党宣誓词
2	宣誓场地	入党宣誓	中景，环绕主角	00：02：00	主角 + 部分演员
3	宣誓场地	入党宣誓	近景，环绕主角	00：01：21	主角
4	办公室 1	主角进屋	中，拉远	00：02：04	主角进门
5	办公室 1	看党徽	中，推进	00：05：11	主角坐下，低头看党徽，微笑，开始工作

续上表

镜　号	拍摄地点	镜头内容	景　别	时　长	备　注
6	图书馆	主角选书	远，右移	00：02：13	
7	图书馆	选书	近景	00：03：24	从书架取书，低头看书
8	楼梯拐角	一人抱很多书	正面，中景	00：05：24	
9	楼梯拐角	主角帮忙	近景	00：01：23	主角微笑，把书接过来
10	楼梯拐角	主角帮忙	近景，楼梯扶手前景	00：02：27（00：29：22）	回头微笑聊天
11	办公室 1	翻文件、打字	近，平视角	00：02：10	
12	办公室 1	为宣讲 / 汇报做准备	特写，后	00：02：00	
13	教室 / 会议室	站前面宣讲 / 汇报工作	侧，近景，远到近	00：02：10	
14	教室 / 会议室	宣讲 / 汇报工作	中，全，近到远	00：02：00	主角鞠躬，观众鼓掌
15	办公室 1	桌子前工作	从远及近	00：02：11	有人敲门，主角抬头
16	办公室 1	配角递主角发票	中景	00：02：00	主角、配角坐
17	办公室 1	发票特写	特写	00：00：30	娱乐活动开的发票
18	办公室 1	主角摇头	中景单人	00：01：00	

这是一个简单的拍摄脚本，脚本中地点、镜头内容、拍摄景别和镜头需要时长都罗列清楚，拍摄时只需按照脚本要求依次进行拍摄就行。脚本有利于提前统筹安排好拍摄需要的各种事情。让拍摄团队一目了然便于拍摄前的准备工作（如准备道具、场地和组织拍摄团队等），也便于拍摄过程中工作人员能及时了解各自的工作内容（如布光、道具、摄像、在拍摄过程中的分工工作），脚本也会作为后期剪辑过程中的剪辑大纲和依据（如镜头的组接、配音等）。如果没有脚本作为视频拍摄、剪辑的依据，就会出现拍摄过程中准备不足、道具不全、演员不知道怎么演、各工种配合或沟通不畅等问题，在后期剪辑过程中，剪辑师更是一头雾水，不知道应该按照什么思路去剪辑。因此可以说脚本贯穿着短视频拍摄的各个环节，一个好的脚本决定了短视频创作的效率和质量。

拍摄脚本最重要的作用在于提高团队的效率，通过脚本，演员、摄像师、剪辑师能快速领会导演和编剧的意图，准确完成任务，减少团队的沟通成本。

（一）脚本如何提高视频拍摄效率

脚本作为短视频的拍摄大纲和框架。相当于详细罗列了拍摄过程中需要的所有人、物、景，也明确了拍摄团队中各工种应该做的具体工作。这样在正式拍摄过程中角色能够及时准备好，尽快进入具体的拍摄过程中，团队中各工种也能各司其职协调配合，提高拍摄的效率。

（二）脚本如何提高视频拍摄质量

脚本将一条短视频细分为无数个镜头，实际上在写脚本的过程中就相当于在脑海中进行了一次拍摄，脚本镜头分得越细，所涉及的细节越详尽，在拍摄过程中就越容易把握，越容易达到预期的效果。对照脚本要求，很容易了解拍摄过程中视频质量的高低，从而及时进行调整，确保拍摄视频质量水平。

一个更为细致的分镜头脚本，脚本中对景别、运镜方法有更细致的要求，脚本中还有对声音和背景音乐的细致要求，这就使得拍摄人员在看到脚本时就能知道所需要的镜头画面是什么样的，这样可以确保拍摄的画面质量能够符合导演的要求。

想要提高短视频拍摄过程中的效率和质量，就必须精雕细琢脚本中每一个镜头里面出现的细节。包括景别、场景布置，演员的服装、化妆，道具的准备，台词设计，表情；还有音乐的配合，甚至最后剪辑效果的呈现等。

二、拍摄团队的组建

短视频的好坏，拍摄团队非常重要，简单的短视频或许可以依靠一两个人来完成，但是专业的短视频拍摄，还是需要多人分工协作完成。当然，短视频由于时长较短，一般来说拍摄团队中无须太多的人员，工种没有特别细化，常见拍摄团队工种包含：

（1）导演。导演是短视频拍摄的总负责人，根据资金预算和拍摄计划，在短视频拍摄的过程中，指导拍摄团队成员，将脚本内容转化为图像和声音，完成短视频作品的创作。

（2）摄像。摄像师主要负责为短视频获得最佳的画面，根据短视频的需要和导演要求，选择拍摄设备及辅助设备，决定各场景的布光及镜头角度，按照脚本情况、风格样式、导演构思，确定画面风格，通过镜头语言在拍摄阶段实现艺术构想完成摄像工作。

（3）剪辑。剪辑师一般来说主要参与后期剪辑工作，但为了能更高效率完成剪辑，剪辑师有时在拍摄阶段就进入团队，及时了解素材拍摄情况同时了解导演和摄像的意图。在短视频拍摄完成后，剪辑师需要对拍摄的素材进行选择与组合，舍弃一些不必要的素材，保留精华部分，还会利用一些视频剪辑软件为短视频配乐、配音以及添加特效等。

（4）剧务。剧务负责提供拍摄短视频所必需的物品及便利措施，如准备道具、选择场景、维护现场秩序、搞好后勤服务工作等，在短视频的拍摄中，剧务往往还兼着灯光师的工作。

（5）演员。有些有人物情节的短视频需要演员出镜，根据脚本和导演的要求，来扮演某个特定角色，塑造人物形象，完成情节要求。演员需要按照短视频脚本中的人物的形象和要求来选择。比如，人物的设定需要会某种技能，在挑选演员的时候就得选择一个具备此项技能的。还要根据短视频中人物的年龄或外在形象要求选择贴合形象特征的演员。演员的选择是否合适对短视频的质量有至关重要的影响。

有时根据短视频拍摄需要，会增加一些特定工种，如：

（1）服装师。服装师根据导演的设计确定服饰，并进行制作或采买，负责管理服装并登记造册，拍摄时负责演员服装的衔接。

（2）道具师。道具师负责设计、制作、组织、采购道具，筹备维护各场景的道具，确保跳拍时的衔接，安装、调整、拆卸道具等

三、拍摄场景的布置

拍摄场景的选取在短视频的拍摄中也很重要，一个合适的拍摄场景可以让拍摄工作事半功倍，如果拍摄场景选不好，不仅会影响拍摄效率，更会直接影响到短视频的整体效果和质量，因此一定要根据短视频内容和脚本要求，来选取适合的场景进行拍摄。一般来说拍摄前的场景准备工作分为两个部分。

（一）根据短视频的内容和风格来选取拍摄场景

按照短视频内容和脚本的拍摄需求，根据实际情况来选取合适的场景，具

体要考虑现场的背景、环境、光线是否满足拍摄特定需求，同时还需要考虑现场是否与短视频的风格一致，这样可以有效避免在拍摄过程中造成资源浪费。

（二）按照脚本要求对拍摄场景进行现场布置

拍摄短视频时不仅要选择好拍摄场景，更重要的是依据脚本对拍摄场景进行现场布置，放置短视频情节所需的各类道具，营造剧情氛围，确保拍摄工作的正常进行。现场氛围与拍摄内容相统一，可以帮助没有太多拍摄经验的演员快速入戏，也有助于摄像获取最佳镜头，取得良好的拍摄效果，从而提高拍摄效率。如图 4-1 所示，在拍摄校园的清晨时，如何让现场场景体现校园这一主题，那就在场景布置时，安排一个晨读的人在画面中出现，此时这个晨读的人并不是拍摄主体，而是体现场景主题的布景道具。

图 4-1　校园的清晨

拍摄短视频时，场景的选取一定要考虑充分，避免因场景选择不当而影响拍摄效率和质量，避免因突发情况而导致拍摄中止，造成损失。

四、拍摄设备的选用

短视频拍摄其实并不一定需要购买高端的摄像机或专业辅助设备，因为现在手机的拍摄功能已经很强大了，许多品牌的手机基本可以满足一般的拍摄需求。所以在初期资金紧张的情况下，可以使用手机来代替摄像机或相机进行拍摄。当然，在进行专业的短视频拍摄时，或者对短视频的画面质量、呈现效果有较高的要求时还是需要一些专业的拍摄设备。一般来说拍摄设备要根据短视频脚本的要求来选择，选择合适的设备对于完成视频的创作是至关重要的。拍摄设备可分为几类：

（一）摄像设备

摄像设备一般有手机、单反照相机、摄像机、航拍器、运动相机等，拍摄设备细分种类比较多，一般根据拍摄需要进行选取。

专业设备一般比较大比较重，携带并不方便，而且购买专业的摄影设备需要一定资金，短视频的拍摄对摄像画质、摄像技巧的要求并不是很高，所以在短视频拍摄的设备选取中以轻便为主，尤其没有经验的新手可以先从基础的拍摄设备入门，如选择拍摄功能较强的手机，等到拍摄技巧熟练后再根据实际需要购入较为专业的摄像设备。图 4-2、图 4-3 为常见的摄像设备。

图 4-2　照相机

图 4-3　摄像机

（二）拾音设备

拾音设备包括机带拾音设备、无线话筒、指向性防风话筒等，一般根据录制场景音或同期声等情况选取合适的拾音设备。如果脚本中需要记录人物对话就需要选用无线麦克风，如果需要在外界嘈杂的环境中记录特定声音就需要使用指向性话筒，如果需要记录环境声音只需要有内置拾音装置的录制设备就可以了。

在拍摄短视频中，根据录制要求，一般为了便于携带，不选用专业的杆式防风拾音设备，只需购买一个无线麦克风作为同期声和人物对话的拾音设备，现场音则使用录制设备自带的内置拾音装置，就可以满足一般的短视频拍摄需要。

（三）灯光设备

灯光是决定短视频整个画面质量和风格的关键因素。灯光设备根据作用和种类的不同有强光灯、柔光灯、射灯等多种类型。通过多种灯光设备的组合达到导演所需要的场景要求。

在短视频拍摄中，我们可以选择手持式可变色温、亮度的LED灯源，这种可调节多用途的灯光设备可以应付简单的多种场景需要，使用效率较高，也可以多种灯光设备搭配使用，这样能使拍出来的短视频效果更好。一般在刚开始拍摄短视频时，只要尽量把拍摄画面照亮，做到光线均匀、色温正常就可以了。图4-4为常见的灯光设备。

图4-4　灯光设备

（四）辅助设备

拍摄短视频时还需要一些其他的辅助设备，如拍摄固定镜头时，单纯靠身体固定容易造成镜头晃动，也不便于进行变焦操作，为了保持画面稳定方便镜头的推拉变化，就需要借助三脚架这一非常重要的支架设备。

在拍摄运动镜头时，为了保持运动镜头稳定，还需要三轴稳定、斯坦尼康等稳定器。

在使用手机或单反拍摄时，为了能更好地监控拍摄画面质量，还需要外接扩展组件，如监视器、调焦器等。

五、拍摄道具的选择

道具指拍摄短视频时用来配合短视频内容所使用的各种物品。如场景中的桌、椅、杯、壶等，演员使用的服装、手机、乐器、文具等，还有特定场景中会有的香水、书画、古玩等。拍摄道具一般根据脚本要求来准备，拍摄道具是为拍摄风格和故事情节来服务的。

第二节　拍摄的基本知识

一、拍摄设备的参数

（一）光圈

光圈是一个用来控制光线透过镜头，进入机身内感光面光量的装置，我们可以控制镜头内部的遮光装置的孔径大小来达到控制镜头通光量，这个装置就叫作光圈。如图 4-5 所示。

我们用F表示光圈大小。光圈不等同于F值，相反光圈大小与F值大小成反比，F值又称光圈值。如大光圈的镜头，F值小；小光圈的镜头，F值大。光圈F值=镜头焦距/镜头有效口径直径。光圈的作用主要有两点：

图 4-5　镜头中的光圈

（1）调节进入镜头里面的光线的多少，因此在拍摄时，如果外部光线强烈，就要缩小光圈，减少进光量。如果外部光线暗淡，就要开大光圈，增加进光量。

也就是说 F 值越小，越有利于夜景拍摄。

（2）光圈是决定景深大小最重要的因素，光圈小（光圈值大），景深大，光圈大（光圈值小），景深小。如图 4-6 所示。

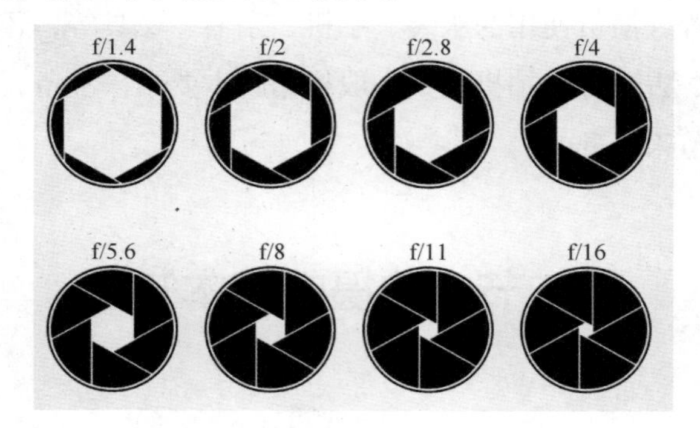

图 4-6　不同光圈数值下光圈孔径的大小

（二）快门

快门是用来控制光线照射感光元件时间长短的装置，一般而言快门的可调范围越大越好。快门速度单位是“秒”，常见的快门速度有：1、1/2、1/4、1/8、1/15、1/30、1/60、1/125、1/250、1/500、1/1000、1/2000等。

（1）高速快门适合拍运动中的物体，可将急速移动的目标拍摄清楚不会造成画面模糊扭曲。如图 4-7 所示飞跃海滩上空的飞机需要高速快门才能拍摄到清晰的画面。

图 4-7　海滩上空的飞机

（2）慢速快门适合在光线较弱的情况下，如拍夜晚的车流或星轨，慢速快门也可以拍出一些独特的画面效果，如常见照片中丝绢般的水流效果也要用慢速快门才能拍出来。如图 4-8 所示，夜晚的车流需要用慢速快门长时曝光。

图 4-8　夜晚的车流

（三）感光度

感光度，又称为 ISO 值，用于衡量感光元件对于光的灵敏程度。ISO 数值越大，表示感光元件对光越灵敏，越能在光源微弱的环境中进行曝光，感光的速度也就越快。感光度的高低在不同的场景中起到不同的作用。

（1）低感光度。较低的感光度可以支持在强光环境中进行拍摄而不至于画面过曝，也可以通过低感光度延长曝光时间的方式来拍摄光线的轨迹。如图 4-9 所示，拍摄正午的沙漠，在光线非常强烈的环境中需要低感光度来减少曝光量。

图 4-9　正午的沙漠

（2）高感光度。高感光度可以在微光环境下进行拍摄，如拍摄夜晚的星空等。但是要注意，高感光度拍摄下，会造成画面噪点比较大。说到这里顺便导入一个概念——噪点，主要是指 CCD 将光线作为接收信号接收并输出的过程中所产生的影像中的粗糙部分。如图 4-10 所示，夜晚的海港需要调高感光度拍摄。

图 4-10　夜晚的海港

（四）白平衡

所谓的白平衡是通过对白色被摄物的颜色还原（产生纯白的色彩效果），进而达到其他物体色彩准确还原的一种数字图像色彩处理的计算方法，白平衡设定可以校准色温的偏差。

这里我们要引入色温的概念，色温是表示光线中包含颜色成分的一个计量单位。从理论上说，黑体温度指绝对黑体从绝对零度开始加温后所呈现的颜色。黑体在受热后，逐渐由黑变红，转黄，发白，最后发出蓝色光。当加热到一定的温度，黑体发出的光所含的光谱成分，就称为这一温度下的色温，计量单位为 K（开尔文）。

在日常拍摄中会遇到各种光源，光源不同，色温也不同。有时拍摄的画面会出现偏色，显示器中的色彩与现实中的不一致，而白平衡就是用来解决这一问题的。白平衡具有以下作用：

（1）色彩还原。通过调节白平衡来纠正色温，还原主体的色彩，使在不同光源条件下拍摄的画面同人眼观看的画面色彩相近。

（2）艺术效果。通过控制色温，可以获得色彩效果迥异的画面，也可以实现一些特殊的拍摄手法。如可以通过调低色温拍摄出清晨的画面感觉。如图 4-11、4-12 所示，在同一时间不同色温下拍摄的同一主体，一个给人感觉是在清晨拍摄，另一个则会让人感觉是在黄昏拍摄。

图 4-11　低色温下的主体

图 4-12　高色温的主体

（五）分辨率

分辨率是度量位图图像内数据量多少的一个参数。通常以每一个方向上的像素数量的形式表示，例如像素比为 640×480 的画面，那它的分辨率就达到了 307200 像素。

在拍摄短视频前我们要对拍摄格式进行设置，如 1080 p 或者 720 i，其中 1080 和 720 分别是指 1920×1080 和 1280×720 的分辨率，p 和 i 则指拍摄模式中的逐行扫描和隔行扫描。

逐行扫描和隔行扫描是一种对位图图像进行编码的方法。逐行扫描也称为非交错扫描，通过扫描每行像素，在电子显示屏上“绘制”视频图像，每一帧图像由电子束按顺序一行接着一行连续扫描。隔行扫描也叫交错扫描，最终是把每一帧被分割为奇偶两场图像交替扫描完成。

（六）帧速率

动态画面每秒钟展现的帧数，用于衡量视频信号传输的速度，单位为帧 / 秒

（fps）。帧速率是决定视频观感的重要组成部分。视频是由一张张图片构成的，帧速率指的就是每秒钟视频里有多少张图片。图片越多运动的细节越多，观感上越流畅。

帧速率的制式有 PAL 制和 NTSC 制两种。两者的区别：一是标准不同，PAL 指分辨率为 625 线，每秒发送 25 隔行扫描帧。NTSC 指分辨率为 525 线，每秒发送 30 隔行扫描帧。二是采用国家不同，中国、印度、巴基斯坦等国家采用 PAL 制式，美国、日本、韩国等采用 NTSC 制式。一般来说 PAL 制式以 25、50、100、200 为帧率，NTSC 制式以 30、60、120、240 为帧率。如图 4-13 所示，相机中帧速率参数的设置画面。

图 4-13　帧速率参数设置

二、画面的基本要素

想要拍好短视频，把握好短视频画面的基本要素是基础。画面中的基本要素主要包括主体、陪体、留白，根据空间位置不同还包括前景、背景、中景。短视频拍摄就是把这几种基本要素进行合理的搭配。

（一）主体

主体是拍摄短视频时的主要拍摄对象，是拍摄画面的主要内容，是画面结构的中心，在画面中起主导作用，同时也是全局构图的焦点。一般而言，一幅画面中只能有一个主体。由于主体在画面中是最重要的，体现着短视频的主要表达内容和主题思想，所以短视频拍摄的基本原则就是突出主体，要积极调动各种画面构图因素，使主体成为画面的视觉中心，主体越鲜明就越能把画面内容表达得清晰、明确，从而吸引观看者的注意力，抓住观看者的眼球。突出主体的方式主要有以下几种：

1. 特写

最简单的突出主体的方法就是给主体拍摄特写镜头，让主体占据画面的大部分区域，这样自然能够将观看者的视线都集中在主体上。如图 4-14 所示，主体在背景下占据了绝大部分画面，非常醒目和突出，较好地表现了主体的特点，很容易引起观看者的注意。

图 4-14　人物的特写镜头

2. 虚化背景

另一种最常见的突出主体的方法就是利用长焦镜头、大光圈来虚化背景，将聚焦点放在主体上，让主体清晰显示，达到突出主体的目的。如图 4-15 所示，虚化的背景更能衬托出主体的清晰，达到凸显主体的目的。

图 4-15　虚化背景

3. 留白

拍摄短视频时可以使用一些简洁的背景，将主体放于其中，主体周围充分留白，画面中不必过多添加别的内容，自然将主体从背景中凸显出来，画面简单明了，无其他因素干扰，也能给观看者留下无尽的想象。如图 4-16 所示，沙漠的单色背景作为留白，将其中黑色的甲虫充分凸显出来。

图 4-16　沙漠中的昆虫

4. 引导线

灵活运用环境中的线条，通过线条的走向可以将人的视线引导到主体上，比如利用道路、河流、栏杆等，将主体放置在线条汇聚的点上，来引导观看者注意主体。线条既包括客观存在的直线、曲线等，也包括无形的线条，如人的视线、事物的关系线等。线条可以把观看者的视线集中在面积较小但需要突出的主体上，起到突出主体的作用。如图 4-17 所示，地砖和门缝形成的线条把观看者的视线自然地引导到画面上部的门匾上，很好地突出了主体。

图 4-17　门缝中的主体

5. 色彩对比

短视频的拍摄可以利用色彩对比带给人强烈的反差感来突出主体。例如拍花朵时就可以利用色彩反差来突出主体，绿色的叶子成了天然的背景，使人看第一眼时就能将目光聚集在艳丽的花朵上，便起到了突出花朵的作用。如图 4-18 所示，在绿色背景中白色的花很容易就会凸显出来。

图 4-18　花朵

6. 明暗对比

通过对光线的掌控使画面有明暗对比同样可以达到突出主体的目的，例如在暗色调的整体画面中，仅给主体打一束高光，自然而然就突出了主体，另外平时最常见的就是剪影式拍摄也能达到突出主体的作用。如图 4-19 所示，拍摄夜晚的建筑物画面中大部分为暗色调，灯光只照亮了部分建筑以及文字，无关的要素被隐藏在暗色调中，通过明暗对比来突出一种氛围感。

图 4-19　夜晚中的建筑物

7. 动静对比

在高速运动的人物、车辆作为背景时，静态的主体和高速运动造成的线条化背景会形成很好的对比，这时静态的主体自然会分外突出。反之亦然，在全是静态的背景中，唯一动态的主体也会吸引观看者的视线，从而达到突出主体的目的。

（二）陪体

“红花还需绿叶配”，简单来说，在拍摄画面中用来陪衬主体的形象统称为陪体。陪体在画面中起衬托作用，陪体是拍摄者选取的用以辅助主体表达内容的人或景物，在画面中起到陪衬和渲染主体的作用。陪体是画面中与主体联系最紧密、最直接的次要对象，与主体相呼应。画面中恰当的陪体对表现主体的特征及内涵起着重要作用，也能使画面语言更加生动。

1. 陪体在画面中的作用

（1）陪体的说明作用。在摄影中，表现主体内容有个很重要的手法，对比手法。比如在拍摄沙漠的时候，可以用人物、骆驼等我们比较熟悉的个体作为陪体，通过对比就衬托了沙漠的广袤。这是大小对比，类似的还有高矮对比、枯荣对比、疏密对比等。如图 4-20 所示，画面中的驼队和远处的沙山形成对比，就让观看者对沙漠的广阔有了直观感觉。

图 4-20　沙漠中的驼队

（2）陪体的烘托作用。陪体的另一个作用是烘托主体，为主体烘托环境氛围，丰富画面。比如拍摄花卉，除了主体花卉，上边还有含苞待放的花骨朵，后边还有花枝。这才是客观真实的画面。陪体的存在，让画面元素更丰富，增强艺术感的同时又不会失去真实感。如图 4-21 所示，拍摄主体为蜥蜴，如果没有树干作为陪体出现，在这个画面中主体就会显得很突兀了。

图 4-21　树干上的蜥蜴

（3）陪体的均衡画面作用。陪体还可以用来填补画面空白，起到均衡画面的作用。当然，并不是所有的空白位置都需要用陪体来进行填补，要根据画面结构而定。如图 4-22 所示，画面中主体在画面的左半边，画面有所失衡，这时在右边放置一个书包就会让画面更加均衡，同时主体和书包构成的三角还能增强画面稳定性。

图 4-22　操场上的男孩

（4）陪体的呼应作用。每个主体和陪体都有千丝万缕的联系。也就是说应该有很强的相关性。在画面中，利用主体与陪体相呼应来突出主体。在选择陪体时，选择与主体息息相关的物体，可以起到呼应及说明作用。在实际的拍摄中，过年的红灯笼与孩子的笑脸、红色的衣服呼应;盛开的鲜花，与后边的绿叶呼应。这种呼应和联系包括主体与陪体之间形状、色彩等属性的呼应，也有情感方面的呼应等。

（5）位于画外的陪体。将陪体安排在画面之外，观看者可以通过画面中某个线索将其在画面中想象出来。这种方法比较含蓄，但却蕴含着更深的意味，不仅可以调动观看者的思维，同时也使作品在内容和形式上产生更广阔的空间延伸，形成无形的画外音，做到“画中有画，画外有话”。

2. 如何选择合适的陪体

（1）在主体附近找陪体。比如拍一朵花，可以选择绿色的叶片作为陪体，可以选择另一朵花作为陪体，也可以选择露珠、蜂蝶、叶子作为陪体。

（2）找与主体相关的事物作为陪体。选择和主体有强联系的陪体，比如公路和汽车、沙漠和骆驼、草原和牛羊等。

（3）选择合适的道具作为陪体。除了自然的陪体外，也可以选择一些道具人为设置陪体。我们在拍人像视频时，手里拿的道具就是陪体。这个时候陪体可以起到补充主体信息的作用，如一把吉他可以增加主体人物的艺术感，一个篮球可以增强主体人物的运动感等。

作为陪体切忌不要喧宾夺主，要占据次要位置，色彩与主体相比不能过于显眼，样子不能太突出，学会适当地对陪体进行虚化处理。要记得陪体只起辅助主体的作用，要确保观看者的注意力集中在主体上。

（三）留白

留白，即画面中除了看得见的主体和陪体以外一些无意义的空白部分，它们由单一色调的背景组成，形成主体之间的空隙。画面中色调相近、属于衬托画面主体对象的部分都是留白，如空气、天空、水面、草原、土地或者其他景物。如图 4-23 所示，旭日东升的太阳，遮挡太阳的云层就成为拍摄太阳这个主体时的留白。

留白可以起到营造意境、留给观看者更多的想象空间、使画面语言更加精练的作用。比如拍摄建筑为主体的视频，视频中建筑背后的蓝天就是留白，大面积的蓝天很好地烘托了画面主体——建筑物本身，简洁的画面很自然地把人的视线集中到建筑上。

图 4-23　旭日

（四）前景

前景是指画面中靠近镜头的人或物，一般作为特写对象或者前景陪体出现。在拍摄时，前景的位置并没有特别的规定，主要根据其定位和主体的位置、构图需要来决定。前景在画面的构造中起着重要的作用，在拍摄风景时，前景负责表现主题。前景的作用有以下几点。

1. 强化透视

由于前景位于主体之前，是距离观看者最近的景物，所以前景的出现可以增强画面的透视感和空间感，把二维“平面”变成三维“立体”，使人身临其境。如图 4-24 所示，前景清晰的枫叶与后边模糊的枫叶形成对比，增加了画面的层次感和纵深感。

图 4-24　枫叶

2. 烘托和美化

前景可以交代环境的特点和烘托环境氛围，在美化画面的同时又深刻地表达了主题思想。如图 4-25 所示，前景的大红灯笼烘托出小巷里热闹的氛围。

图 4-25　小巷

3. 弥补空白

根据前景在画面中的位置，前景可以分为上、下、左、右、框架式、半包围式前景。这些前景有时也相互交叉使用。

（五）背景

镜头中靠近后边或位于主体后面的人或物。背景在镜头画面中，有时作为表现的主体或陪体，但大多是拍摄画面环境的组成部分。如图 4-26 所示，占画面绝大部分的前景并不是拍摄主体，背景玻璃上的兵马俑正面倒影其实才是拍摄的主体。

（六）中景

处于画面中前景和背景之间的部分。一般主体会出现在中景的位置。

前景、中景、背景是短视频拍摄画面的基本层次，可以使画面更具层次感和纵深感。根据需要，视频画面的层次可以作更细致的划分。如图 4-27 所示，前景穿过画面的物和背景中绿色的植物都只是为了衬托中景的人物。

图 4-26　玻璃上的兵马俑

图 4-27　站立的女孩

三、构图的基本知识

构图是指画面的布局、结构。短视频的构图就是运用镜头和摄像手段，根据拍摄脚本的要求，对画面元素进行搭配调整，使客观对象比现实生活更富有表现力和艺术感染力，充分展示短视频想要表达的内容。画面结构要做到：明确主题、辨别主次、弃繁就简、布局适宜。主体突出，以陪体和背景恰当衬托，使画面既不杂乱又不单调，多样而统一，鲜明而简练。简洁、多样、统一、均衡是构图的基本要求。

（一）几种常见的构图

在进行短视频构图时，有几种常用的构图方法，初学者应提前掌握，以便在需要时能够合理运用合适的构图方法进行拍摄。不同的短视频构图方法能给观看者带来不同的视觉感受，下面介绍常见的十种方法。

1.“井”字构图

“井”字构图又称三分构图法、九宫格构图法或者黄金分割构图法，是我们最常使用的构图方法。黄金分割是一个数学比例关系，即将整体一分为二，较大部分与较小部分之比等于整体与较大部分之比，其比值约为 1 ∶ 0.618 被公认为最具有审美意义的比例数字，这一比例也被公认为最能带给人美感的比例，因此按照这种比例分割画面进行构图的方式就叫黄金分割构图。

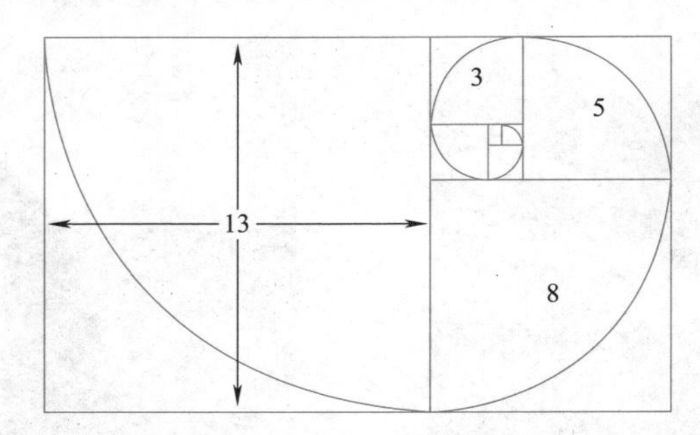

图 4-28 黄金分割构图

短视频构图方法中的“井”字构图就是黄金分割最好的运用，“井”字的 4 个交叉点近似于黄金分割点，也是构图的最佳位置，主体位于“井”四个交叉点最为理想，这种构图方法较为符合人们的视觉习惯，便主体自然成为视觉中心，具有突出主体并使画面趋向均衡的作用。如图 4-29 所示，作为主体的建筑物放置在了整体画面“井”字所构成的其中一个点上，不仅凸显了主体，也让整个画面显得稳定。

图 4-29 “井”字构图

2. 重复构图

利用不断出现的物体构图就是重复构图，它可以形成韵律美，起到不断强调的作用。如密密麻麻排队的人，镜头晃动产生的动感更营造了排队拥挤的氛围。被摄对象数量越多，越容易给人留下深刻的印象。在拍摄许多相同元素同时出现的场景时，一定要尽可能大范围取景。如图 4-30 所示，画面中不断出现的雨伞和地上形成的影子形成了一种独特的画面感。

图 4-30 雨伞和影子

重复、连续性的元素会吸引观看者，让观看者在画面中不停地浏览，有意识或无意识地从一边浏览到另一边。不同的重复元素会造成不同的视觉效果，使短视频从其他作品中“跳”出来。此外，如果众多重复元素中有一两处细微的不同，无疑会给整幅画面带来更出色的效果。

3. 对称式构图

对称式构图是指画面中的景物相对于某个点、直线或平面而言，在大小、形状和排列上具有一一对应的关系。对称的形式有上下对称、左右对称、中心对称和旋转对称 4 种。对称式构图具有均匀、整齐一律和排列相等的特点，给人安宁、平稳、和谐和厚重感。如四合院的大门，红色门上的两个狮子图案就是运用对称式构图的例子。如图 4-31 所示，画面中远处的山和天空与湖面的倒影构成了一个水天一色的上下对称式构图，形成了稳定画面效果。

图 4-31　对称式构图

4. S 形构图

S 形构图是曲线面线构图中使用较多的一种构图方法，曲线是最具有美感的线条元素，它具有较强的视觉引导作用。S 形具有曲线的优点，优美而富有活力和韵味，所以 S 形构图能给人一种美的享受，而且使画面显得生动、活泼。这种构图方法还能让观看者的视线随着 S 形延伸，可以有力地表现画面的纵深感。如山间公路、优美的 S 形曲线把观者的视线带向了远方。S 形构图具有延伸、变化的特点：可以将画面中的近景、远景等较大空间范围的景物利用 S 形曲线联系在一起，形成统一和谐的画面。如图 4-32 所示，这是一个很好的 S 形构图运用，将单调竖直的电视塔这一主体放置在前景建筑物之间构成的 S 形空间中，让 S 形构图与竖直的电视塔相融合，使整个画面增加了纵深感的同时又提升了美感。

5. 框架构图

所谓框架构图，就是利用前景将拍摄的主体包围起来，使要表现的主体形成视觉趣味点或视觉中心。画面有了框架，可以增添一定的装饰性或趣味性，增强景物的纵深感，使拍摄的对象更为突出。选择框架式前景能把观看者的视线引向框架内的景物，从而突出主体；将主体用框架包围起来，也可营造一种神秘氛围。框架构图有助于使主体与环境融为一体，赋予画面更强的视觉冲击力。

使用框架构图时，要特别注意曝光的控制，因为常常会出现框架比较暗淡，而框架内的画面比较明亮的情况，所以在选择测光位置以及测光模式时要特别留意。如图 4-33 所示，画面中外面的门框构成的框架引导观看者看到了里面的门框，里面的门框构成的框架又进一步将视线引导，多重框架让画面充满了纵深感。

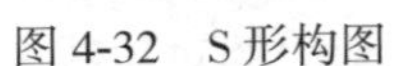

图 4-32　S 形构图

图 4-33　框架构图

6. C 形构图

C 形构图既具有曲线美的特点，又能产生变异的视觉焦点。使画面简洁明了。C 形曲线是一种极具动感的线条，以 C 形曲线来构图，会使画面饱满而富有弹性。一般而言，主体安排在 C 形的缺口处，使人的视觉随弧线推移到主体上。C 形构图在拍摄工业、建筑类题材的短视频时使用较多。如图 4-34 所示，永定土楼的一角，建筑物自然构成了一个 C 形，让观看者顺着 C 形不断推进视角，形成了独特的画面美感。

图 4-34　C 形构图

7. 圆形构图

圆形构图经常指画面中的主体呈圆形。圆形构图在视觉上给人以旋转、运动和收缩的观感。运用圆形构图时：如果画面中出现一个能集中视线的趣味点，那么整个画面将以这个点为中心产生强烈的"向心力"。圆形构图给人以团结一致的感觉，但单纯的圆形构图活力不足，缺乏视觉冲击力，这时就需要对圆形构图做一些调整。

除了拍摄圆形物体时可以以圆形构图表示其外形，拍摄许多场景都可以用圆形构图表示团结一致，这些场景包括形式上的，也包括意愿上的。如拍摄学生聚精会神地听老师讲课、小朋友们围着圆圈做游戏等场景时，均可以选用圆形构图。圆形构图规定了构成画面的视觉对象与范围，同时它也将主体从所处的环境中分离出来，成为一个突出的视觉中心。

8. 对角线构图

在拍摄很多景物时，如果让景物中的线条呈现出"四平八稳"的面貌，往往画面的表现效果不佳。对角线构图是把主体安排在画面的对角线上，能有效利用画面对角线的长度，同时也能使陪体与主体产生直接关系。对角线构图富有动感，显得活泼，容易产生线条的汇聚趋势，吸引人的视线，达到突出主体的效果。如图 4-35 所示，画面中主体呈对角线延伸 让画面更有活力。

图 4-35　对角线构图

9. 交汇构图

交汇构图就是让画面中的所有线条不断交汇，形成多个交汇点，将观者的视线引到汇聚的点上。交汇能强烈地表现出画面的空间感，使人在二维的平面中感受到三维的立体感。拍摄过程中可以考虑寻找拍摄角度，让画面形成一些交汇线条，从而起到一定的视觉引导作用，增强画面空间感的同时也增加了画面的趣味性。如图 4-36 所示，地面的道路和房檐形成的线条汇聚到画面的中央，营造了强烈的纵深感和空间感，让观众想要向前一探究竟。

图 4-36　交汇构图

汇聚线可以是清断、显而易见的线条，也可以是些虚拟线条。汇聚线越集中，产生的空间感和纵深感就越强烈。通常出现在画面中的线条数量在两条以上才可以产生这种汇聚效果，而这些线条会引导观看者的视线沿纵深方向由近到远地延伸、汇聚，给观看者带来强烈的空间感和纵深感。汇聚线构图常在拍摄一些风光纪实、建筑题材等想要表现较强的汇聚效果和透视效果的短视频时使用。

10. V 形构图

V 形构图是最具有变化的一种构图方法，其主要变化是 V 在方向上的不同，或倒放、或横放、或正放，但不管怎么放，其交汇点必须是指向主体的，V 形构图最大的作用就是突出主体，它能直接将观看者的视线引导至主体上，如正 V 形构图一般用在前景中，作为框架式前景突出主体。V 形构图由于让画面构成一个三角形会让画面显得更加稳定，V 形的交汇点也会像交汇构图那样有引导观看者视线的作用，但区别是交汇构图可以有很多交汇点，但 V 形构图一般只会有一个指向主体的交汇点。如图 4-37 所示，山路两侧的竹林形成了一个倒 V 形的构图，自然将观看者的视线引导至交汇点处的人物上。

图 4-37　V 形构图

（二）动态构图

要注意的是短视频的构图不是静态的一个画面，而是需要几组画面才能构成的动态构图过程。有时在一个连续的镜头中就包含着多个不同的画面构图。短视频需要通过活动的画面反映剧情的发展，包括镜头的起落、动作的过程等。因此要有动态思维，通过灵活调整画面中的各种要素和镜头视角让视频构图动起来，这样才能更好表达视频内容。

1. 起幅

起幅就是指短视频拍摄一组镜头时最开始的画面，拍摄的画面由此开始进行或构图的变化。

2. 落幅

落幅是指短视频拍摄时，一组镜头结束的画面，经过一系列运镜和画幅的变化，视频拍摄结束。

起幅和落幅一般采用微静止镜头，为了后期剪辑的方便，拍摄录制过程中起幅和落幅镜头可以录制 2 秒左右的静止画面。

动态构图中要先设计好起幅和落幅画面的构图，再对起幅和落幅过程中的运镜和构图的变化进行设计，一般来说起幅和落幅变化过程要确保匀速、稳定，这个过程中涉及的运镜、角度、景别的变化越少，操作难度越小。短视频的拍摄中有时也可以尝试长镜头的拍摄，将短视频内容中所涉及的全部内容在一次动态构图中全部表现出来，从起幅开始到落幅结束，中间通过现场调度以及运镜手法、景别、角度等变化对视频画面进行多次构图，在一组镜头中将短视频脚本中的内容一次性拍摄下来，以达到独特的艺术效果，当然随着动态构图变化的多少这种长镜头的拍摄难度也会不断增加。

拍摄短视频需要掌握好画面中的要素搭配，使画面看上去更美观，更具有视觉冲击力，这便是构图在短视频拍摄中发挥的作用。构图是拍好每一条短视频的基础，不仅代表着整个短视频的审美，还能通过画面构图表现节奏、韵律，甚至情感等。

四、景别和景深的运用

（一）什么是景别

景别是指在焦距一定时，摄影机与被摄体的距离不同，造成拍摄对象在摄影机中所呈现出的范围大小的区别。

拍摄对象在这个画面里所占的比例变化或者说取景范围的变化决定了景别的不同。我们说美术是一个加法的艺术，把脑子里想的东西一样一样加到画面里，而拍摄却是一个减法艺术，把画面里不需要的东西一样一样剔除。你所见到的就是我想要给你看到的，这就是视频拍摄时对画面的掌控最直接的解释。

因此在短视频拍摄时我们要先明确你想要什么样的画面，或者说你想通过画面传达些什么信息？一个人物、一件事情还是一幅风景，在构思好一个目标之后，就要看看什么样的景别能够恰当地表达这些内容。

（二）都有哪些景别

一般来说，景别可以分为远景、全景、中景、近景、特写五大类，在实际使用时我们为了拍摄画画更加准确，可以进一步细分为九种景别。

（1）极远景。镜头视角极其遥远，画面纵深感极强，一般用于风景视频的拍摄，例如拍摄远处的雪山、连绵不绝的山谷等。如图 4-38 所示，画面中绵延的山脉和远处的城镇，镜头中没有单一的主体。

图 4-38 极远景中的山脉

（2）远景。镜头视角很远，人物在画面中只占有很小位置。主要用于展示人物和周围广阔的空间环境的关系，相当于从较远的距离观看景物和人物，视野宽广人物较小，背景占主要地位，但是拍摄主体细节不足。如图 4-39 所示，画面中骑马的人在画面中很小，镜头主要目的是交代大环境。

图 4-39 远景中的人物

（3）大全景。包含整个拍摄主体及所处环境的画面，不仅能够交代环境信息，拍摄主体也能清晰可见，这是拍摄人物或人物出场时常用的景别。

（4）全景。镜头主要为人物全身或较小场景全貌的画面，相当于话剧、歌舞剧场“舞台框”内的景观。在全景中可以看清人物动作和所处的环境，这个景别中拍摄对象作为主要内容，空间环境关系为辅。如图 4-40 所示，画面既交代了环境背景又交代了人物全貌。

（5）中景。俗称“七分像”，指拍摄人物小腿以上部分的镜头，或用来拍摄与此相当的场景的镜头，是拍摄人物表演性场面的常用景别。

图 4-40　全景中的人物

（6）中近景。俗称“半身像”，指拍摄人物从腰部到头的画面。

（7）近景。指拍摄胸部以上的画面，有时也用于表现景物的某一局部。

（8）特写。指选取拍摄对象的某一个部分为画面内容。通常以人体肩部以上的头像为取景参照，突出强调人体的某个局部，或相应的物件细节、景物细节等。

（9）大特写。又称“细节特写”，指突出局部，如头，或身体、物体的某一细节，如眉毛、眼睛、手指等。如图 4-41 所示，画面中以人物为主体，中景、中近景、近景、特写、大特写的区别，当然其他的拍摄主体景别之间的区别也是一样的。

图 4-41　多种景别的区别

（三）什么是景深

拍摄时，对焦点位置前后一定距离范围内的景物都是清晰的，这个前后距离范围的总和就叫作景深。影响景深范围的因素有：

（1）光圈。光圈数值越小，光圈越大，景深范围越小；光圈数值越大，光圈越小，景深范围越大。

（2）焦距。长焦镜头和短焦镜头在同一对焦距离时，镜头焦距越长，景深范围越小。

（3）距离。距离越近，对焦点越近，景深范围越小；距离越远，对焦点越远，景深范围越大。

（四）灵活运用景深

（1）小景深的画面。只有对焦点部分范围才会清晰地显示，景深外的地方显得十分模糊，通过把主体拍摄清晰背景模糊来将主体分离出来，这样能更好地突出主体，小景深适合拍人物或者特写等需要交代细节的画面。如图 4-42 所示，小景深拍摄的人像画面，人像前的书包和背后的建筑物都呈现了很好的虚化效果，凸显了人物主体。

图 4-42　小景深拍摄的人物

（2）大景深的画面。景深范围内所有景物都显得十分清晰，因此适合拍摄一些大场面，远距离的画面，大景深一般适用于拍摄风光或远景等。如图 4-43 所示，利用大景深拍摄的风景，近处的树叶和远处的瀑布都拍摄得非常清晰。

图 4-43　大景深拍摄的风景

五、拍摄角度的巧用

短视频拍摄中拍摄角度的差异会影响画面中视角的高低、拍摄对象在画面中的位置、拍摄对象与背景、前景的距离和空间关系等。拍摄角度有平拍、仰拍和俯拍之分。

（一）平拍

平拍即镜头的高度与被摄对象的高度位于同一水平线上，这一拍摄角度符合人们的正常视觉习惯，使用广泛。平拍的画面具有正常的透视关系和结构形式，给观看者以身临其境的感觉。如图 4-44 所示，画面为平拍的风景，采用与人眼视野一致的视角，给人身临其境的感觉。

图 4-44　平拍的风景

（二）仰拍

仰拍指镜头处于被摄对象以下，由下向上拍摄被摄对象。仰拍的画面有一种独特的仰视效果，主体被突出，显得巍峨、庄严、宏大、有力。如仰拍的雕像，给人一种庄严肃穆的感觉。如图 4-45 所示，画面为仰拍的嘉峪关城门，仰拍显示出了嘉峪关的雄伟。

图 4-45　仰拍的城门

（三）俯拍

俯拍指镜头高于被摄对象，从高处向低处拍摄被摄对象。俯拍得到的构图能使画面主题更加鲜明，拍摄的人物在画面中更有张力。正所谓“站得高，看得远”，在拍摄风景短视频时应主动寻找高点，如高楼大厦、山顶等位置，站在高处向下拍摄。当然，也可以使用无人机进行航拍来实现。如图 4-46 所示，为俯拍的城市，可以看出画面有强烈的空间感和纵深感，城市风貌一览无遗。

图 4-46 俯拍的城市

（四）全景拍摄

在拍摄短视频时，有一种特殊的拍摄角度，那就是 360 度全景视角，可以通过稳定器、航拍器等设备实现以拍摄点为中心的 360 度环绕拍摄，这种特殊的拍摄角度常用于 VR 视频的制作。

六、几种常用的运镜手法

（一）推

“推”是最常见的一种运镜技巧。在拍摄的时候，镜头缓慢向前移动，不断推进，靠近拍摄主体，拍摄主体在画面中的比例逐渐变大。这种运镜技巧能够起到聚焦、突出拍摄主体的作用，强行将观众的视线从杂乱无章的环境当中集中在画面的主体上。比如要拍摄一个人物，镜头向前推进的过程中人物在画面中的比例逐渐变大，让人物更加突出。如图 4-47、图 4-48 所示，拍摄时手持设备站在离拐角较远的位置，等待人物主体从拐角跑出，镜头缓慢向前推动，镜头画面离拍摄主体越来越近，让人物主体全貌逐渐展现在观看者面前，在推进过程中将人物细节与特征表现得更加明显。

图 4-47　拐角跑出的人

图 4-48　跑近的人

（二）拉

“拉”与“推”的运镜方式刚好相反。在拍的过程中，镜头逐渐向后拉远，让镜头远离拍摄主体，成片的视觉效果也与“推”相反。“拉”的运镜技巧能够起到交代环境、突出现场的作用，让观看者了解拍摄主体所在的环境特点，增加画面的氛围。拉镜与升镜配合使用,可以起到情绪升华的作用。如图 4-49、图 4-50 所示，画面先对准路牌主体，逐渐向后拉镜的同时人物在镜头与路牌中间快速跑过，不仅交代了环境位置，也交代了人物和情节。

图 4-49　路牌

图 4-50　人物快速跑过

（三）摇

摇镜头是指原地不动地摇动镜头，镜头呈弧形移动。比如站在原地拿好手机，镜头从左向右拍摄，手机移动的路径是一个弧形，也可以向上拍摄，记住关键点就是原地不动。“摇”会展现更多的场景元素，让画面更有代入感。如图 4-51、图 4-52 所示，画面先处于右侧视角拍摄人物，跟随人物运动方向再摇向左侧交代人物的去向，这样不仅交代了人物画面开始所处环境，在人物移动过程中逐步交代更多的环境信息，这样一个连续的镜头让画面观感更流畅，同时也让观看者有更强的代入感。

图 4-51　右侧视角拍摄人物

图 4-52　摇向左侧视角

（四）移

“移”可以理解为平行移动，移动的方向可以是横向，也可以是纵向，或者倾斜一定角度。但是移动的轨迹要以直线为主，不要无规则地移动。“移”的作用就是给画面增加动态，增强画面的代入感，同时也有与摇镜类似的作用，展示更多的场景元素。

横向的移镜我们叫平移镜头，比如拍摄辽阔的自然风光，可以采用横向的水平移动，拍摄小场景也可以使用这一运镜技巧。它适用的场景很多，但是一定要注意保证镜头是直线移动而不是原地不动的。

纵向的移镜我们叫升降镜头，升镜的运动方式，就是镜头缓慢提高。前面说到可以配合拉镜达到情绪升华的效果，当然不搭配拉镜，升镜本身也是修饰情绪的一种镜头语言。

降镜的运动方式就是镜头缓慢下降。通常用来形容新内容的展开，由大场景环境带入角色，如先拍摄高大的主体如建筑、山峰等，镜头逐步下降拍摄人物主体。如图 4-53、图 4-54 所示，镜头从一侧坐着的人物平移向另一侧从站立到刚坐下的人物，过程中镜头保持方向与角度不变，只是位置平移。这样不仅增加了画面的动感让观看者不会觉得画面呆板，也让镜头从一个主体转移到另一个主体的过程更加流畅。

图 4-53　镜头在右侧

图 4-54　镜头移向左侧

（五）跟

“跟”的运镜技巧可以理解为跟随，拍摄移动的主体时，镜头一直跟随拍摄主体移动。比如在后边跟随拍摄一个向前走动的人，或者在前面拍摄向镜头走过来的人。镜头和主体同步运动，可以保证拍摄主体在画面中的比例是不变的，跟随拍摄也能让画面增加代入感。主要作用就是镜头跟随拍摄主体展开新事件，交代新的信息。

比如说大家经常看到的探店视频会用到这个手法拍摄，主人公先是说今天我来到某某地方吃饭，大家跟我走，然后摄影师跟随主人公拍摄，进入店里，接下来发生的事就是展现菜品或者展示店内装修。

这种运镜方式没有固定的规则，只要跟随主人公即可，当然，在设计中，也可以采用多镜头组合跟随的方式。如图 4-55、图 4-56 所示，镜头保持在主体人物前一个身位，确保两人都在画面正中，随着人物向前移动，保持与主体人物一个身位的距离向后移动，过程中始终保持主体人物在画面中心，画幅不要有太大的变化，这样跟随移动的镜头，在确保展现主体人物的同时随着人物移动来交代环境细节，使得拍摄人物与拍摄环境结合，让观看者更加有代入感，也推动了剧情的发展，这种运镜让剧情的发展和画面的呈现都更加流畅自然。

图 4-55　镜头与人物保持一个身位

图 4-56　镜头随人物向后移动

（六）环绕

第一种是站在原地拍摄，在拍摄过程中以摄影师为中心镜头向外环绕拍摄，用于交代周围环境，环绕角度没有特定的要求，但是在拍摄素材的时候尽量拍摄360度，以方便后期剪辑的时候截取素材。

第二种是围绕着拍摄主体镜头向内环绕拍摄，这种拍摄角度一般用来交代主体的周围环境，也能全方位地展现拍摄主体，或者用来表现主体的内心活动。环绕拍摄的时候，因为是动态拍摄，所以要控制好移动的速度。

利用好环绕拍摄有时能给短视频带来出乎意料的视觉和艺术效果。如图4-57所示，环绕拍摄以拍摄主体为中心，交代了主体中心四周的环境情况。

图4-57　环绕主体拍摄

（七）运镜中的其他技巧

1. 单个镜头使用单一运镜技巧

单个镜头尽量使用单一的运镜技巧，然后再拍摄下一个镜头。单个镜头里尽量不要使用多种运镜技巧，因为一是不好把控，运镜难度会增加很多，二是会造成视觉效果混乱。

2. 用一组镜头交代人物的位置关系和视角

拍摄按逻辑顺序进行的镜头时，前一个镜头若拍摄了一个人看向远方或是某一个方向的镜头素材，后一个镜头可以去拍他所看到的内容，用镜头进行逻辑交代。如图 4-58、图 4-59 所示，镜头先拍摄人物望向镜头外，接着拍摄人物视角方向，交代人物所看到的画面，这样连续的镜头主要向观看者展示说明，用一组镜头交代人物的位置关系和视角。

图 4-58　人物望向镜头

图 4-59　人物视角

3. 可以通过多角度多机位来拍摄同一物体

在前期拍摄阶段，要对一个物体、风景或动作之类的进行拍摄，最好是进行多角度多景别的拍摄，然后将这些拍摄内容在后期合成一组镜头，这样画面会更加丰富。

比如：小明在商店门口拧开矿泉水瓶喝水，在拍摄时应该注意几点。

（1）拍摄一个手部拧开矿泉水瓶的特写；

（2）拍摄一个拧开瓶盖后仰起头准备喝水的半身镜头；

（3）拍摄一个小明站在商店门口喝水的大全景镜头。

（露出“× × 商店”字样，表达清楚小明所在的空间地理位置。）

也就是同一套动作小明在前期要演三次，然后拍三次，每次都是不一样的角度和景别，最后后期剪辑把拍摄的三次动作组合成一次动作，画面虽然内容表达不变，但是镜头切换更多，让视频内容显得更丰富。如图 4-60、图 4-61 所示，画面中人物打电话的画面如果全用一个镜头从一个角度拍摄，会让观看者觉得画面过于呆板无法引起观看者的注意，但是通过镜头的穿插从另一个角度拍摄同样的内容，这样不仅交代了环境和位置关系，也容易吸引观看者的注意力。

图 4-60　一个角度拍摄

图 4-61　另一个角度拍摄

4. 尽量使用三脚架固定拍摄

如果对视频的镜头语言或者运镜把握不准，尽可能选择不运镜，稳定多角度机位的手持或者三脚架拍摄，同样可以清晰表达视频主体内容和达到想要的表达效果。

5. 选择有意义的运镜手法

短视频拍摄时要尽可能选择一些对视频内容表达有意义的运镜手法，硬加一些花里胡哨的运镜角度和手法，会让人感觉画面内容混乱，如果纯粹为了展现炫酷的画面效果，而无关传递什么信息内容的话，可以多用一些运镜手法，但如果是为了表达清楚视频的内容，尽量不要让太多的运镜手法影响观看者接收画面信息。

第三节　拍摄设备的使用技巧

一、使用手机拍摄短视频的技巧

随着手机的拍摄功能日益强大，很多手机品牌专门推出了为拍照片、拍视频而设计的高像素带防抖功能的拍摄手机，以及出现很多基于手机的拍摄辅助设备，如手机稳定器、手机附加镜头等，再加上手机轻便易携带易操作，因此在短视频的拍摄中，对于要求不是很高、很专业的拍摄工作，我们可以用手机来完成。

如图4-62所示，现在大部分手机都支持防抖视频拍摄功能，如果加装手机稳定器，基本可以满足大部分短视频的创作需求。

图4-62 手机稳定器

（一）手机拍摄前要设置好细节参数

（1）分辨率一般情况下越高越好，越高也代表着画质越清晰，4 k>2 k>1080 p>720 p。

（2）帧率（fps）代表着画面的流畅度，大部分情况下是帧率越高画面流畅度越高，但有时拍摄时适当调低帧率可以得到一些高帧率所得不到的效果，可以按自己喜好以及拍摄需要进行调节，绝大部分情况下可以使用60 fps进行拍摄。

（3）比例是手机拍摄时比较关键的因素，如果在完成项目时前期拍摄的视频比例不一致，会给后期剪辑时增加画面构图上的压力，因此大部分情况下拍摄横屏时用16：9的比例，拍摄竖屏时用9：16、4：3或1：1等常用短视频比例，具体视频比例看发布平台的要求和创作要求。

首选推荐的是：4 k+60 fps，其次是：4 k+30 fps、1080 p+60 fps和1080 p+30 fps。

（二）手机拍摄时要确保画面质量

（1）手持拍摄时要学会让画面稳定不抖动，条件允许可以使用手机稳定器，但缺点是比较笨重，操作起来不如手持方便快捷；部分高端手机自带的数码防抖功能完全能应对手部轻微抖动，但是如果要进行运动画面的拍摄或手部颠簸较为剧烈时，还是应该使用手机稳定器确保画面质量。

（2）需要固定机位拍摄时，条件允许尽量使用手机三脚架，比如访谈、长段固定镜头的拍摄，使用三脚架拍摄效果会比手持手机拍摄稳定很多。

（三）手机运镜的几个独特技巧

由于手机比较轻便，因此可以很容易地完成一些其他拍摄设备不太好完成的拍摄，下面我们就举几个常见的例子：

1. 爬坡效果

将手机水平，摄像头从对地面到慢慢抬起竖直，并保持摄像头对主体直到给主体特写的位置，如面部特写，通过这样一种爬坡的运镜效果来营造一种压迫感和紧张氛围，而且能很好地将观看者的注意力引导到最后的特写画面上。

2. 跟随主体摇镜

拍摄时可以用胳膊作为支撑轴，让手机水平跟随被摄主体从一个方向走向另一个方向，以此来增加速度感，甚至为了追求更快的速度感，也可与被摄物体逆方向运镜，例如拍摄头部特写，手机运镜方向与转头方向想反，来营造紧张感。

3. 遮罩镜头

在拍摄时可以通过将手机放入书包、口袋、放到桌面盖住镜头，来拍摄一些遮罩镜头的画面，这样可以用来和下一段视频进行中间转场，会让转场效果更加有趣，但是需要在做拍摄脚本时就规划好思路，避免后期剪辑时前后两段视频接不上。

4. 跟随主体平移

在拍摄时如果被摄主体前进行走，可手持手机以胳膊为支撑轴在侧面跟随拍摄。如果想要一些更有趣的效果，可以在每次拍摄的时候保证主体在画面构图的同一位置，然后进行相同运镜，后期剪辑时将同样画面放置在一起会更有连贯感，画面主体高度相似的地方可以不加转场效果。

5. 手持呼吸感拍摄

镜头不一定非要追求稳定，有时刻意破坏这种稳定感可以带来一些不一样的效果。在使用手机拍摄时，还有一种拍摄方法叫“呼吸感”，画面镜头是为内容和情绪服务的，有时为了情绪的表达，增加真实紧张的氛围，手持晃动的画面会比固定的镜头画面更有代入感。

（四）手机拍摄时应注意分辨率和帧率

一些手机原相机支持：4 k+60 fps拍摄（有些手机原相机甚至支持4 k+120 fps），但是过高的规格也会带来一些问题，最主要的问题就是拍摄时所设置的规格参数越大，所拍摄的视频占用空间就越大。比如规格为4 k+60 fps拍摄的三分钟视频一般情况会占用1 GB左右的存储空间，而1080 p+60 fps的三分钟视频会占用450 MB左右的存储空间。其次所带来的另一个问题是：如果直接使用手机进行视频后期的剪辑加工，可能会处理不了这种高质量的视频素材，导致后期剪辑时剪一刀卡一下，软件容易崩溃，或者渲染导出速度很慢。

（五）手机拍摄的优缺点

（1）手机无法更换镜头，一般都是定焦镜头，通光量不够，但是主要可以通过多个摄像头配合后期的 AI 算法对画面进行优化，不需要自己后期手动调色等处理，成片更加快捷。

（2）手机的拍照拍摄可以直接使用手机自带的调节功能和美颜功能来拍摄，有专门的 App 来进行后期处理。

（3）携带方便，拍摄快捷。

（4）成片效果有时不理想，拍摄出来的画面氛围感、情景感、背景虚化等效果表现不真实。

二、使用单反／微单相机拍摄短视频的技巧

单反或微单相机介于手机和专业摄像机之间，因为其体积比摄像机小，方便灵活便于携带，又比手机有更好的成像质量，镜头可以更换能够实现更多的拍摄效果，因此也常被用于短视频的制作。

（一）单反相机的参数设置

1. 拍摄格式

在使用单反相机进行短视频拍摄前，需要对拍摄格式进行设置。我们平常拍摄最常用到的分辨率是 1920×1080 50 p，因为现在媒体平台看到的视频基本上最高支持的也就是 1080 p 的分辨率，所以不用一味追求高分辨率，更高的分

辨率不等同于更高的清晰度，清晰度是分辨率与其他几个方面共同构成的。

2. 白平衡模式

使用相机进行拍摄时，相机的白平衡模式通常可以使用自动白平衡模式，也可以根据实际场景选用不同的白平衡场景，以某品牌相机为例，常用的白平衡场景有晴天、阴天、阴影、荧光灯、钨丝灯等。

3. 对焦模式

视频拍摄时，最大的难点是控制对焦，如果拍摄画幅和画面内容变化不大的画面，通过选定对焦点进行自动对焦，或者点击触控屏上不同的物体。但是拍摄画面内容变化较大的视频时，还是要使用手动对焦模式，在拍摄前提前调整好对焦值，否则在自动对焦情况下随着画面内容距离的变化，景深也会随之变化，会出现画面一会模糊一会清晰的情况。

4. 感光度

我们一般根据拍摄环境的光线强弱来设置感光度，如在光线强烈的正午户外，一般用 ISO 值为 100 的低感光度避免画面过曝，在夜晚，则会使用 ISO 值为 200 甚至更高的感光度来确保画面不会昏暗。

5. 快门速度

跟拍摄静态照片不同，拍摄视频时，如果快门速度过快，视频就会有比较明显的卡顿感，如果快门速度过慢，动态视频又会显得清晰度不够。通常，在视频拍摄时，快门速度建议值为帧率两倍的倒数，效果较为理想。举个例子，如果你拍摄的视频为 1080 25 p，即每秒 25 帧，那么建议的快门值则固定为 1/50 s。

6. 光圈大小

在一般的拍摄中，我们习惯于将光圈调整为 F5.6，可以获得一个常见的景深范围，但是也要根据所需拍摄效果，来对光圈进行调整，如拍摄人物时需要一个小景深的效果，就需要把光圈调整到 F2.8 甚至更小，在拍摄风景时，为了把纵深风景都拍摄清晰，需要一个大的景深效果，就需要把光圈调整到 F8 以上。

（二）单反相机的操作技巧

1. 镜头选择

在拍摄人物时选用长焦镜头能够带来更好的小景深效果，让人物背景虚化更为柔和，但是如果是手持拍摄，建议使用广角镜头，因为长焦镜头会放大手抖所带来的影响，而广角镜头则不是那么明显。

2. 固定曝光

尽管我们的相机在拍摄视频时有很多自动模式，不需要复杂的设置就可以拍摄出效果不错的视频，但是如果想要更可控的效果，建议使用相机的 M 模式，手动设置曝光量,并达到锁定曝光不变的目的。因为如果使用相机的自动模式(尤其是配合点测光模式时)，在某些明暗变化较大的场景下，视频的曝光会受到取景的变化而忽明忽暗，影响观看效果。

3. 借助多种镜头滤镜

ND 滤镜可以通过旋转来改变进光量，实现视频拍摄时调整曝光的目的。

偏光镜，是根据光线的偏振原理制造的镜片，偏光镜由镜片主体和一个与它相连并可以旋转的后座框组成,镜片主体由极细的水晶玻璃组成光栅。旋转时，偏光镜的光栅将那些不与它平行的偏振光线阻挡。通过过滤掉漫反射中的许多偏振光,从而减弱天空中光线的强度,把天空压暗,并增加蓝天和白云之间的反差。多用于拍摄风景视频时，如拍摄湖面时可以过滤掉湖面的反光，清晰拍摄到湖水中的鱼等景象。

4. 使用高速储存卡

高清短片的拍摄对于相机储存卡的读写要求比较高。性能优秀的储存卡不仅可以快速录制高清短片，防止画面丢帧，还可以避免相机或储存卡发生故障，免去不必要的麻烦。

5. 持机姿势

一般我们使用相机拍视频的时候会选用三脚架、独脚架、稳定器等设备辅助拍摄，但是有些画面为了体现更真实的感受，我们一般会选择手持拍摄。手持拍摄首先要双臂夹紧，左手托住相机镜头的底部，右手握住相机握把。这样的姿势更好地分担了相机的重量，提升了相机的灵活性。

(三)单反相机拍摄的优缺点

(1)相机是为了进行拍摄而设计，在可调节和专业性方面比手机要好很多，但是相比摄像机来说，相机为了机器寿命等原因，不能进行长时间拍摄工作。不过在拍摄短视频时，很少有长镜头出现，因此单反相机也足以满足拍摄需要。

(2)相机可以使用不同的镜头来拍摄不同的景物，专业性较强，而且目前大部分的数码相机和单反相机的传感器尺寸更大，拍摄的效果也要更好。

（3）相机也有内置简单的图像处理功能，尽管没有手机的自动处理功能多，但图像本身的还原能力更强。

（4）相机较大，不如手机方便，而且功能相对比较单一，且需要后期配合其他设备完成图像处理和分享。

三、使用摄像机拍摄短视频的技巧

摄像机是专门用于拍摄视频而设计的拍摄设备，因此摄像机可以满足各种拍摄需求和拍摄场景，也能够支持长镜头的拍摄需要。摄像机相比手机和相机，专业性更强，可以设置调整的参数也更多，常规需要调整的参数跟相机差不多，但是还有一些摄像机的设置可以更好地帮助短视频的拍摄。

摄像机作为专门用来进行视频拍摄的设备，也分为手持式家用 DV、手持式专业摄像机、肩扛式专业摄像机以及电影机，分别对应不同的摄像群体需求。

（一）白平衡

为了色彩还原更加真实，摄像机的白平衡一般进行手动调节，调白平衡分为三个步骤：首先选对合适的ND滤镜确保曝光量处于正常范围；然后检查光圈是否在自动位置，白平衡选择钮是否在A或B（P为自定义）；最后对准一张白纸或其他白色物体，按动白平衡调节开关，等摄像机出现OK并显示出当下色温时，白平衡的调节就完成了。

在调整白平衡时还要注意，白纸具有不同的色度，有偏青的复印纸，也有偏黄的白报纸，不同的色度对画面色调有不同的影响，用发黄的白纸调白平衡，画面将偏蓝色。白纸的色度确定之后，在同场戏中不应随意更换，更不能随便找不同的白色物体调白，否则画面色调不统一。

除了白纸的选择外，白纸放的角度也很重要，比如在外景调白，应按斜四十五度角摆放，这样可以让白纸反映一些天空光，若白纸直接对着太阳调白，画面中阴影部分将偏蓝色调。环境色对调白影响较大，比如拍内景，室内铺的是红地毯，应考虑到地毯对画面色调的影响，有意让白纸反衬些红地毯的反射光，这样画面就不会偏青色。

另外我们可以有意在调整白平衡时让画面偏色，达到特殊的拍摄效果，如拍夜景时用浅黄色调白平衡可以使画面呈现冷色调，相反选择蓝青色调白平衡可获得暖色调。在环境复杂的场景中最好是用调白专用色卡即白平衡色谱进行调白。

（二）增益

简单来说摄像机的增益作用与相机的ISO作用一样，都是为了提高感光元件对光线的灵敏度，以保证在弱光源环境下画面达到合适的亮度，但因为噪点的原因，在能不使用增益的情况下通常都不推荐使用增益。

（三）直方图

直方图是我们判断视频明暗最直观的方式，直方图横轴代表从黑到白的所有灰度层次，纵轴代表该灰度层次有多少像素点。最左边表示纯黑，最右边表示纯白，在视频拍摄中最忌讳出现左右两边很高，中间低的情况。会看直方图是掌握摄像机视频拍摄的重要技巧。

（四）持机姿势

当你拿着摄像机的时候，左手应该是放在镜头的下方，这样是为了方便你在拍摄中随时调整光圈环、变焦环和对焦环。右手应该放在持机柄上，大拇指扣在“开始/停止录制”键上，食指跟中指用来按“推拉”键（W和T键）。正常情况下是食指放在W键上方，也就是说准备随时把镜头拉回来，把画面拉回到广角端；而中指是长放在T键，就是随时准备把镜头推过去，让画面处于近焦端。

除此以外，摄像机持机还要找到一个合适的支点确保稳定性，胳膊在手持摄像机的时候一定要紧紧夹住腋下，这是为了让拍摄更加稳定。我们在初中都学过一个知识叫作“三角形的稳定性”，所以只要一个形状可以构成一个三角形，那它就是一个非常稳定的结构。因此，当你两只手臂紧紧夹住腋下的时候，胳膊和你手持的摄像机，那就自然而然形成一种三角形的形状，这个时候拍摄是最为稳定的。

当然根据拍摄角度的不同摄像机持机方式还有很多种，但不管哪种摄像机持机都要遵循两点原则，一是一定要找到一个稳定的支点，另一个则是尽量让持机姿势构成一个稳定的三角形。

四、使用无人机航拍短视频的技巧

现在消费型无人机已经广泛应用于视频拍摄中，由于无人机取景角度高，常常被用于风光视频的拍摄，或者在拍摄人物时交代人物环境关系。

无人机航拍在短视频的创作中也日趋常见，为了获得更好的视频质量，在进行无人机航拍时我们要掌握以下几点技巧。

1. 确认飞行环境

确定所在环境是否有限飞限拍标识，或是你的无人机控制软件上有限飞高度以及限飞区域提示。还要明确所在区域是否是禁飞区。如果是，千万不要拍摄，如果强飞要承担相关法律责任。

2. 观察环境，制订航拍计划

在正式航拍前，我们需要先观察一下拍摄环境，如果地面观察不方便也可以先让无人机飞到一个较高的位置，然后通过无人机图传的数据来观察拍摄环境，一个是观察一下有没有遮挡物或者障碍物，需要在航拍时避让，以免碰撞；另一个则是要观察有没有可拍摄的特色区域或视角。根据观察的信息我们可以提前做好航拍计划，表明航拍的高度、镜头、内容等，这样可以让我们在正式航拍时更高效地进行拍摄。

3. 利用前景增强画面效果

在航拍过程中可以找到一些离无人机较近的前景，比如山峰、古建筑、山上的塔楼或是成片的森林。利用好前景可以衬托拍摄氛围；再通过无人机的飞行方向来创造出前景的变化，达到让镜头看起来更加动感和有节奏。

4. 利用对冲镜头营造视觉冲击力

对冲镜头就是被拍摄物体与无人机相向而行的画面，这种镜头由于距离的逐渐接近会给人一种紧张刺激的感觉，视觉冲击力很强。对冲镜头通常用于我们常见的快速穿行的汽车，或是在海上飞驰的汽艇。拍摄这类视频时，需要注意无人机要保持与被拍摄物体之间有相对的安全距离，我们可以利用空间的错位方法来进行拍摄创作，这样可以避免无人机被对向的气流影响到而发生危险。

5. 多使用分镜头拍摄

由于无人机的续航问题，航拍的时间一般都很短，所以我们需要充分利用好每一分每一秒。当我们确认好拍摄内容后，可以把拍摄镜头进行细分，充分利用无人机中自带的多种航拍模式来协助我们快速拍摄，比如全景模式、广角模式、延时摄影等功能。拍摄者应灵活运用无人机的优势调整不同的高度及角度取景获得最佳的拍摄画面。

6. 营造速度感

无人机航拍的一大优势是可以通过无人机的高速飞行来营造速度感，我们可以通过两个技巧来营造速度感，第一个技巧就是让无人机低空或贴地飞行，这样可以通过地面景色的快速变化增加画面前景的变化速度来营造速度感。但是低空航拍时，一定要对无人机前进的方向进行观察和了解，避免撞坏飞机或撞到其他物体。第二个技巧就是利用无人机的一些配件，如部分高端的多轴飞行器，可以携带中长焦变焦镜头，这样我们就可以利用中长焦镜头的优势来放大局部，也可以加快画面前景的变化速度。

另外要注意的是，常规的非专业无人机的最高速度都会有所限制。如果需要拍摄运动速度较快的物体时，会出现追踪不上的问题。

7. 利用好光线增强航拍效果

充分利用光线可以增强航拍效果，如拍摄日出日落的视频，让人感觉那些火烧云好像就在头顶，触手可及的感觉，非常震撼。其实这个技巧很简单，只要我们利用好逆光拍摄的技巧就能拍出不错的效果。在日出和日落前后的 30 分钟左右的时间里，是航拍摄影最佳的创作时间。这时我们可以给无人机的镜头装上一片减光镜或偏振镜来拍摄日出或日落时的霞光效果，可以拍出非常有气势且唯美的风光大片。

另外在用无人机进行航拍时还要注意几点：一是在航拍的时候一定要有个观察手时刻观察无人机周围的环境，尽可能在可视范围内飞行创作；二是构图时我们可以把无人机悬停在一个相对安全的位置，再去观察构图效果，然后进行拍摄工作；三是要时刻注意无人机电量的变化，留足电量让无人机有时间返回我们的定位点，尽可能让无人机保持在 20% 以上的电量返回启航定位点，这样可以大大减少无人机的风险，避免无人机飞丢或掉落。

五、其他拍摄设备

除了之前罗列的拍摄设备，还有一些不常用，但是也可能会用到的拍摄设备，这些设备能够满足短视频拍摄时的一些特殊要求，利用好这些设备能够达到意想不到的效果。

（一）运动相机

随着拍摄要求越来越高，各种拍摄产品也不断创新、细化，而针对动态拍摄的要求，运动相机应运而生。顾名思义，运动相机就是专门为运动物体拍摄而设计的。在现有的拍摄条件下，像智能手机、数码相机之类的拍摄设备在许多运动环境中无法稳定工作，比如在高空、深水环境中或是高速颠簸的状态下就无法正常拍摄，即便强行拍摄，也无法达到想要的拍摄角度和拍摄质量。而运动相机的出现就解决了这些烦恼，它是一种便携式的小型防尘、防震、防水相机，具有高速拍摄和防抖功能，这样就可以在一些极限运动中使用运动相机进行拍摄。

运动相机在使用前一定要注意根据拍摄对象运动速度的快慢来调整好拍摄时的快门速度，以免拍摄高速移动的对象时快门速度跟不上导致画面产生虚影。还要注意运动相机的拍摄角度，一般为了让观看者能直观体会到运动过程的刺激感，运动相机应该采用正常视角的平拍角度。最后一定要把运动相机的防抖功能打开，必要时可以给运动相机加上稳定器增强画面防抖功能，来获得更佳的画面质量和艺术效果。

（二）全景相机

现在对 VR 视频的需求越来越多，VR 视频的拍摄需要有广阔的拍摄视角，甚至需要 360 度的拍摄视角，这个时候就需要使用全景相机了，现有的全景相机有的配有鱼眼镜头支持 180 度的全景视角，有的通过多个镜头组合能够达到 360 度无死角的全景拍摄。全景相机的出现不仅能够满足 VR 视频的拍摄要求，也给短视频的拍摄带来了新的画面效果。

全景相机在拍摄时有几个使用技巧，一是全景相机为了达到大角度取景，画面会有一些变形，可以巧妙利用这些变形可形成特殊的艺术效果；二是全景相机在拍摄全景画面，尤其是360度的全景画面时，为了不拍到拍摄人员本身，可以多使用三脚架进行远距离遥控拍摄，这样可以确保拍摄的画面中不会有工作人员出现。

第四节　拍摄中的技巧运用

一、光线的灵活运用

（一）光线的种类

1. 按光源类型分为自然光和人造光

自然光就是自然界本来就有的光线，如日光、月光、水面的反射光等，自然光由于照射范围大，因此这种光源照射到拍摄对象上较为柔和，亮度也很平均。一般来说在户外拍摄中自然光都作为主要光源。

人造光根据光源特性分为很多种，根据光线强弱分为聚光灯、柔光灯等，根据光源形状分板灯、环灯等，根据色温不同还分为暖光灯、冷光灯等。如图 4-63 所示，在短视频的拍摄中人造光一般用于室内场景，但在户外光线不能满足画面需求时也需要人造光辅助。

图 4-63　人造光

2. 按光源的主次作用分为主光、辅光（补光）和背景光

（1）主光是短视频拍摄中的主要光源，决定了拍摄场地的照明格局位置，也决定了视频画面的基础亮度，主光一般是亮度最大，覆盖范围最大的光源。

（2）辅光是短视频拍摄中辅助主光的光源，一般和主光搭配，减少主光带来的阴影，辅光和主光的光比决定了拍摄对象阴影范围和对比度，也决定了拍摄对象层次感的强度。

（3）背景光是指照射于拍摄对象背景的光线，较常见于夜晚或室内拍摄，起到使背景与拍摄对象拉开层次的作用。拍摄者可以将照射背景的灯置于拍摄对象和背景之间的位置，然后对背景进行照亮。

（4）专用光，如轮廓光、眼神光等有专门用途的光，轮廓光可以将同色调的主体和背景进行分层，使得拍摄画面具有空间感和层次感，也可以增加人像拍摄时拍摄对象的轮廓细节（如泛光的发丝），还会出现剪影效果。眼神光可以让以拍摄人物为主体的画面（尤其是拍摄特写画面）中人物主体显得不呆板，让眼睛更加有神，人物主体灵动有活力。

3. 按光源打光方向分为顺（正）光、逆（背）光、侧光、顶光和底（脚）光

（1）顺光。顺光指光线的照射方向与拍摄方向是一致的，由于顺光时被摄对象正面受光均匀，被摄对象的阴影在其背后，所以顺光拍摄的画面很少有阴影，往往比较明亮，这也决定了顺光拍摄难以表现被摄对象的明暗层次、线条和结构，画面的层次主要依靠被摄对象自身的明度差异或色调关系来体现，容易导致画面平淡，对比度低，缺乏层次感和立体感。如图 4-64 所示，画面使用自然光为顺光，画面中拍摄人物主体明亮清晰，但是缺乏层次感。

图 4-64　顺光拍摄

（2）逆光。逆光是指光线的照射方向与拍摄方向正好相反。由于光源位于被摄对象之后，光源会在被摄对象的边缘勾画出一条明亮的轮廓线。在逆光拍摄时，由于暗部比例增大，很多细节被阴影掩盖，被摄对象以简洁的线条或很少的受光区域展现在画面中，这种大光比、高反差给人以强烈的视觉冲击，从而产生较强的艺术效果。因此逆光经常被用来进行剪影效果的拍摄，更加突出主体。如图 4-65 所示，在逆光环境下拍摄的剪影效果。

图 4-65 逆光拍摄

逆光也可以用来与其他光源搭配，作为人物拍摄的辅助光来给人物打出高光的轮廓，营造一种圣洁、活力的感觉。

（3）侧光。侧光指光线的照射方向是在拍摄对象和镜头连线的侧方。侧光是几种基本光线中最能表现层次、线条的光线，主要应用于需要表现强烈的明暗反差或者展现物体轮廓造型的拍摄场景中，适用于拍摄建筑、雕塑等，如图 4-66 所示，画面中使用侧光凸显拍摄人物主体的层次感，让人物显得更立体，尤其是面部通过受光处与阴影处的对比让五官显得更加立体。

图 4-66 侧光拍摄

当运用侧光拍摄人物时，人物面部经常会半明半暗。此时，可以考虑利用反光板等反光体来对人物面部进行一定的补光，以减轻面部的明暗反差。

（4）顶光。顶光指光线从被摄对象的顶部照射下来的光源，在室外的正午自然光就是顶光。在拍摄风景题材时，顶光更适合表现表面平坦的景物。如果顶光运用得当，可以为画面带来柔和的色彩、均匀的光影分布和丰富的画面细节，在拍摄主体时使用顶光可以让观看者更聚焦于拍摄主体，将其从背景中凸显出来。如图 4-67 所示，画面中人物头顶的光源，将拍摄人物主体从黑暗的背景中凸显了出来。

图 4-67　顶光拍摄

（5）底光。底光指光线从被拍摄对象底部照射的光线，底光可以单独使用展现一种紧张的氛围感，也可以辅助其他光源作为补光使用。

（二）光线的作用

在进行短视频拍摄时，我们通过多种光源的搭配使用来满足拍摄脚本的要求，呈现出特有的艺术效果。光线有常用的六种作用。

1. 突出主体

对画面中主体和背景不同强度用光来将主体从背景中分离出来，达到突出主体的目的。例如黑暗背景中对主体打强光，通过主体与背景的强烈对比来突出主体。如图 4-68 所示，为博物馆的一件展品，展品被一束强光照射，在室内昏暗的环境中十分显眼，博物馆常用这种用光手法来突出展品。

图 4-68　用光突出主体

2. 凸显轮廓

给主体或者拍摄对象打一个反光，这样光线被拍摄对象遮挡，在轮廓边缘形成轮廓光带，将拍摄对象的轮廓凸显出来。如图 4-69 所示，光线透过人物的发丝显现出一圈光晕来，这种效果需要多个光源的配合，否则人物面部会显黑。

图 4-69　用光凸显轮廓

3. 让人物更灵动

当拍摄以人物为主体的画面时（尤其是人物特写）给人物主体的前方或镜头前放置一个环形灯，在拍摄时会给让人物的眼睛显现出光亮来，我们叫这种眼睛中的光为眼神光，眼神光让主体显得不呆板，让眼睛更加有神，人物主体灵动有活力。

如图 4-70 所示，画面中人物的眼神光让整个人物主体显得更加有活力。

图 4-70　眼神光

4. 表现空间感

光线的强弱和阴暗可以很好地将画面的空间关系表现出来，让观看者具有很强的空间感，例如光线透过树林形成错综的树影和光斑，一下就让观看者感受到树木的相对位置。如图 4-71 所示，通过近处的黑暗和远处的明亮表现出画面的纵深空间。

图 4-71　用光表现空间感

5. 营造氛围

光线的变化也可以营造出不同的氛围，例如光线阴暗的画面给人一种阴森幽暗的感觉，光线明亮的画面给人一种阳光积极的感觉。如图 4-72 所示，通过给拱桥打光，营造出夜幕下的水乡氛围。

图 4-72　用光营造氛围

6. 增强对比

明暗对比法是光线中常用的一种打光技巧，是指利用大面积的明衬托小面积的暗，或用小面积的明衬托大面积的暗。例如夜晚的城市，画面中大部分为暗色调，灯光只照亮了建筑物的轮廓及周围部分景物，无关的要素被隐藏在暗色调中，通过明暗对比来增强夜晚城市灯火辉煌的感觉。如图 4-73 所示，画面主体色调为黑色，灯光照亮的建筑物也有明暗之分，在黑色的背景下对比明显，画面中主体和陪体也通过光的明亮区别开来。

图 4-73　用光线增强对比

二、色彩的灵活运用

短视频拍摄时的艺术性包括很多方面，色彩的灵活运用就是其中一个很重要的方面。视频画面是色彩缤纷的，不管是自然世界还是人为场景，都充满了丰富且不断变化的色彩，实际拍摄过程中，为了达到预期的色彩效果，需要通过不同的镜头从不同的拍摄角度、不同的距离，运用不同的光线和色温来进行构图创作，通过色彩的运用将短视频想要传递的信息表现出来。

（一）色彩的分类

在短视频的拍摄中，色彩我们一般可分为冷色调、暖色调、黑白色调三个大类型。

1. 冷色调

在色谱中靠近蓝色的颜色属于冷色调，冷色调的颜色往往给人冰冷、冷酷、严肃的感觉，在营造氛围时，可以通过用冷色调的背景来营造阴冷庄重的感觉。

2. 暖色调

在色谱中靠近红色的颜色属于暖色调，暖色调给人温暖、积极的感觉，可以在营造喜庆的氛围时使用暖色调，也可以在营造拍摄对象积极、乐观的感觉时使用暖色调。如图 4-74 所示，画面整体使用暖色调来营造出活泼可爱的小女孩主体形象。

图 4-74　暖色调

3. 黑白色调

黑白色调在短视频的拍摄中也时常见到，黑白色调可以避免色彩的干扰，让观看者更加关注主体本身，尤其是在背景环境色彩纷杂影响了观看者对主体的关注时，使用黑白色调可以让观看者的注意力重新回到主体上。除此之外黑白色调也经常用在拍摄回忆，或者有年代感的短视频中。如图 4-75 所示，黑白色调去掉了画面中色彩的干扰，让观众更加关注主体。

图 4-75　黑白色调

（二）色彩的作用

1. 表现空间感

冷暖色彩能够给人强烈的对比感，这种背景和主体冷暖色调的对比也能很好地交代空间关系，给观看者空间感。

2. 表现情绪

色彩的使用中普遍存在着情感的反应。红色意味着火焰和危险，是热烈的象征；绿色是植物色，包含着平静和新鲜，象征着生命；蓝色是天空的色彩，象征着和平与安静；黄色是阳光色，暗示温暖和喜悦；黑色常与静寂联系在一起……但是不同人对色彩的象征意义，在不同时期、不同环境有着各种不同的理解。这是因人而异、因时而异、因景而异的。如果一定要将其确定为一种规则，一定要死板地去联系、去硬套，这些象征意义就失去了应有的价值。“要牢记色彩的象征意义和内涵意义，但却不要过于死板。”试着在你的视频中通过运用色彩来表达情绪。

3. 表现意境

色彩和谐效果就是色彩在亮度上、色相上互相邻近。因为这样的颜色缺乏强烈的对比效果，给人和谐、安宁的画面气氛，让人感觉很舒服。而色彩对比强烈的画面会给人强烈的视觉冲击。如图 4-76 所示，画面通过渐变的色彩来表现一种和谐的意境。

4. 表现强调

在拍摄过程中可以使用色彩对比法来表现强调，色彩对比法是利用大面积的某种色调与小面积的其他色调进行对比以突出主体的方法，一般而言，大面积色调部分为主体，小面积色调部分为陪体，但也有例外。如图 4-77 所示，地面上的枫叶，作品中的大面积色调为地面的灰色，而作为主体的枫叶占据的画面比例较小，但色彩艳丽的枫叶在地面的灰色中非常显眼，主体通过色彩的对比得以很好地突出。

图 4-76　色彩表现意境

图 4-77　色彩对比表现强图

5. 反色彩运用——黑白视频

没有色彩的干扰，视频所要表达的就更为纯粹。一般来说黑白视频有三种作用：①当视频中的颜色非常多，导致视频看上去比较乱时，把视频黑白化可以弱化很多颜色的对比；②当视频的主体因为颜色原因不太明显，但本身的明度对比又非常明显时，为了突出主体可以把视频黑白化；③黑白视频可以营造一种怀旧、回忆或客观的气氛。在复古艺术创作和新闻摄影里常见这种技巧。如图4-78所示，画面中水天一色的白和树与鸟的黑形成强烈的对比，展现出一种独特美感。

图 4-78　反色彩运用

第五节　不同拍摄主体的拍摄技巧

一、拍摄人物短视频

（一）景深与构图技巧

1. 尽量虚化背景

长焦镜头能够在为拍摄对象拍摄全身画面时大幅虚化背景。如果只是拍摄脸部特写和胸部以上的人像画面，那么使用短焦距镜头在光圈全开时也能获得背景较为虚化的效果。但是拍摄全身人像时，虚化背景最好使用焦距在 50 mm 以上的镜头。尽管现在手机也能提供数码背景虚化，但是虚化效果有明显的轮廓感，效果远没有单反相机通过光学镜头带来的背景虚化真实自然，因此在需要背景虚化的视频中尽量使用单反相机或者摄像机进行拍摄。

2. 考虑与背景色的平衡

应尽可能让拍摄对象的头部位于背景颜色明亮的部分，这样拍摄对象的头发就不会和背景混在一起，能够将人物的细节也拍摄清晰。需要注意的是，如果背景有引人注目的花纹或是重复的图案，会让拍摄对象本身失去关注度，造成背景喧宾夺主。还需要确认拍摄对象脸部周围有无暗色部分或者看上去令人生厌的其他影响因素等，然后决定拍摄对象所处位置和拍摄角度。

3. 在构图时可以将手臂裁剪掉

有时拍摄对象的姿势会让其肩部或者手腕部分处于构图范围之外，这完全不会有问题。反而能让画面产生变化，给人以大胆的感觉，如果勉强将拍摄对象全部都收入画面，视频反而会显得平庸，所以只要确保拍摄对象的主体如面部、身体的大部分在镜头内，突破镜头框架的束缚，总会给人耳目一新的感觉，因此试着去大胆地构图吧。

4. 追人物的眼神

拍摄人物短视频时，要注意人物眼神的调度，哪怕画面再复杂，拍摄的人物主体即便被陪体所淹没，但是如果这其中人物眼神投向镜头方向，人物主体就会一下从画面中脱颖而出。

（二）光线与色彩技巧

1. 选择明亮的部分作为背景，并进行大幅虚化

选择光线能够照到的较为明亮的部分作为背景，这样可以避免画面给人沉重的感觉。需要注意的是色彩较浓的背景，即使被虚化了效果也不会很好。拍摄对象的背景可以选择色彩鲜艳的墙壁。

2. 利用逆光让头发产生高光效果

在让拍摄对象站位的时候位置必须精心揣摩，选择合适的位置，使头发出现高光，看上去很闪亮。头发显得有光泽，拍摄对象的表情也会给观者以特别的印象。如果头发看起来很黑，画面整体就会显得较暗，所以拍摄者需要灵活运用补光灯，有意识地加入高光。

3. 让较暗的脸部变得明亮

有效使用反光板可以让逆光造成的脸部昏暗变得明亮起来，让皮肤富有质感。在拍摄人像时，应当使用柔光，这样可以让脸部不出现明显阴影。所以在室外拍摄人像时反光板是必须携带的拍摄工具，在室内拍摄时，柔光灯或者环形灯也可以用来补充面部光线，让脸部变得明亮。

4. 拍摄对象的眼部应当有眼神光

即使在整个构图中拍摄对象看起来较小，也应当保证脸部有光线照亮。特别是要确保其眼部有较为明显的反光（眼神光）。如果眼部没有反光，就会显得眼睛暗淡无神，很难明白拍摄对象的脸部表情，拍摄全身人像和拍摄人物特写时一样，眼神光很重要。可以灵活使用环形灯等灯光设备来补眼神光，但要注意在打眼神光的时候不宜过于明亮，尽量要让拍摄画面看起来自然。

（三）其他技巧

1. 灵活运用高光

当整个人像视频呈暗调时，最好在吸引视觉注意的部分加入光。如唇部、眼部或者手部，通过加入高光可以让画面明暗对比更强烈，让视频显得有冲击力。需要注意的是拍摄暗调人像的关键不是单纯减少曝光而是明暗的对比，通过整体营造的暗调来衬托需要强调的高光部分。

2. 考虑与背景光线的平衡

如果从拍摄对象的背景（背后）有强烈光线射入，那么画面整体就会显得比较锐利。普通背景的话，视频只会看起来较暗，但是如果背景有强光，那么拍摄对象脸部的暗淡就会显得很自然，视频的暗调部分就会被强调出来。

3. 拍摄对象要与视频整体风格一致

暗调的人像视频整体感觉应该是比较酷的。所以拍摄对象脸上不应该带着笑容。最好通过让人感到冷峻的表情来赋予视频风格。明亮色调的人像视频就需要拍摄对象的衣着和表情要符合热情活泼的风格定位。总的来说拍摄对象的表情、衣着、动作必须和视频风格搭配合适，否则会给人突兀的感觉。

4. 针对眼部进行精确对焦

拍人时对焦点一定要选择眼睛。特别是在拍摄特写视频时，眼神更是决定了整个视频的效果，所以要精确合焦。要时刻注意合焦位置，拍摄后也不能松懈，要认真确认视频效果。

在拍摄人像时针对眼部精确合焦非常重要。如果眼部没有合焦，那么整个视频就会软绵绵的,失去关键点。不管拍摄对象摆出什么造型、从什么角度拍摄，都必须针对眼部精确合焦。特别是开大光圈拍摄时，景深变小，合焦位置稍稍偏移就会造成眼部失焦，拍摄者应该加以注意。使用手机拍摄时，一般只要能够针对脸部的某一个位置合焦，就不用太在乎合焦点位置。但是使用高像素数码单反相机时，因为画面的分辨率很高，所以在放大的时候失焦现象就会特别明显。另外，因为数码单反相机的图像感应器很大，更容易产生虚化，所以对合焦要求会更加严格。眼部对焦决定了人像视频的效果，是拍摄人像视频很重要的一个技巧。

二、拍摄风景短视频

1. 展现出空间的宽阔感

风景视频的视角很宽，很多时候天空和地面都被收入画面。使用广角镜头拍摄有时会将预想不到的部分也收入画面，所以必须对构图进行认真整理。根据取景器显示的画面来进行构图，并考虑如何灵活运用空间、角度，形成独特的视频风格。

2. 灵活运用画面四周的变形

广角镜头拍摄出的画面四周尤其富有透视感，有意识地运用这一特性进行拍摄将会非常有趣。

3. 大胆享受透视感

在画面中灵活运用透视感，能让整个构图看起来非常新颖。在使用广角镜头时，大胆变换拍摄角度可以带来独特的视觉效果。

4. 提前找到合适的对焦点

在使用广角镜头拍摄有前后景的风景视频时应避免使用自动对焦。因为拍摄画面前后景具体差别很大，所以容易发生失焦现象。应当预先选定合适的对焦点，避免因为相机移动，造成对焦点的改变形成失焦，这样才能让风景视频有更好的效果。

第六节　特定类型短视频的拍摄技巧

一、新闻短视频

当下，诸如“抖音”“快手”等短视频App已经成为人们获取信息的主要途径之一，在这一背景下，随着移动终端和移动互联网技术的发展，快节奏、轻体量的短视频逐渐成为新闻报道的一个重要形态，短视频新闻为公众了解突发事件、参与公共讨论提供了重要途径。

（一）短视频新闻的拍摄要短小聚焦

短视频新闻与普通的视频新闻不一样，要抓住“微”的特点。如果传统视频新闻是“主食”，那么短视频新闻就是“零食”——高频率，但是时间短，内容不多但是“味道”要有特点。正如一名专家所言：“移动用户会经常查看手机，但没有时间停留很久。他们通常是在早晚通勤时浏览新闻，更喜欢那种容易获取、具有摘要性质的新闻。”“快节奏、有活力”是短视频新闻的重要要求。因此在进行拍摄时不要拍长镜头，而是多用短镜头，拍摄过程中镜头要聚焦新闻中心点，多拍摄能够凸显视频内容重点或者能够抓住眼球的特写镜头。

（二）尽量使用竖版拍摄模式

短视频新闻的收看场景与传统视频新闻有显著差异，观看者一般多在等车、坐地铁等通勤或做其他事情时利用碎片时间在移动终端观看，这种场景下，观看者注意力集中度较差、观看状态较随意，由于主流的短视频应用也都是竖版的操作界面，“懒惰的受众”往往不愿意为了看几十秒的视频而将手机横置，因此进行竖版视频的拍摄能显著优化用户的观看体验。

二、美食短视频

美食类短视频包括美食制作、探店、美食介绍等，美食类短视频着重凸显美食本身，观看者对美食的渴望和对美食制作的模仿，让这一类短视频很容易成为观看者分享的内容，更容易形成热点短视频。

（1）演员要求。美食类短视频对演员的美食分析能力和味觉抽象概念具象化表达的能力有很高的要求，演员要能具象化准确表达出美食的味觉感受和对制作工艺的分析，让受众能感同身受体会到美食的魅力。

（2）拍摄技巧。美食类短视频拍摄时为了将食物拍得更加有食欲，可以提高拍摄时的亮度和增强对比度，让画面中的食物显得更加鲜艳，明亮鲜艳的食物容易引起观看者的食欲。

三、Vlog 短视频

Vlog 短视频一般用快节奏的第一人称视角分享生活，深受年轻人的喜欢，也常用于旅游、探险这一主题的视频制作。这一类短视频由于使用第一人称视角，观看者的代入感很强，快节奏的视频画面也更符合短视频用户的观看习惯，因此也是短视频类型中常见的热点视频类型。

（1）演员要求。一般来说，Vlog 类短视频拍摄者也是出镜的演员，此类短视频对演员的情感表达能力和语言动作表现力要求较高。

（2）拍摄技巧。为了增加画面直观感受，让观看者更有代入感，一般这类短视频拍摄中都会使用标准镜头在与人眼相当的高度仿照正常的视觉范围进行拍摄，在视频拍摄中也尽量不使用过多的运镜手法，因为画面会随着拍摄者本身的移动而变动，因此在保持稳定性和模拟视觉晃动之间需要做好度的把握。

四、搞笑短视频

搞笑短视频包括搞笑情景剧、幽默视频等，这类短视频由于能让观看者在碎片化时间里获得愉悦感，受到短视频观看者的喜爱，也容易成为热点视频类型。

搞笑短视频的内容要求就是要有笑点，除此之外在拍摄中也可以通过一些技巧营造一些笑点。

（1）演员要求。搞笑类短视频一般要求演员的表现手法比较夸张，演员可以用表情和肢体语言以喜剧性的方式生动地诠释台词。

（2）拍摄技巧。搞笑类短视频常常会使用一些特殊的运镜手法来展现一些夸张的画面效果,尝试各种不同的运镜手法和构图组合,来辅助演员的搞笑动作,从而达到增加观看者戏剧感的效果。

短视频的拍摄是一个涉及多道工序、多个工种、多方面知识的复合型工作内容，短视频的质量既取决于拍摄设备、拍摄场地、拍摄道具等外部因素，也取决于演员演技、摄像师的画面构图、导演的镜头语言功底等。短视频的拍摄是一个团队工作，靠个人是很难完成的，因此在拍摄过程中人员的协调配合，团队能否提供发挥个人专业能力等也会影响整个短视频的拍摄和最终质量。

第五章 短视频的后期制作

相信大家都听过一句话："文字时代，有图片，就有优势；图片时代，有视频，就有看头；视频时代，会制作，才是趋势。"短视频后期制作并不像人们想象的那么简单。我们经常会看到别人录制的各种精美的视频，想要让自己的视频达到这样的效果，是需要一定的技巧的。

第一节　编辑与视频编辑

编辑的含义有两种：一是指做编辑工作的人；二是指采集串联，也就是对资料或现成的作品进行整理、加工。这里主要介绍视频编辑。

一、视频编辑的意义

视频编辑是针对电影、电视及新媒体的图形、图像及听觉元素等进行的视听编辑，在某些情况下被约定俗成地说成视频剪辑，“剪辑”，即剪而辑之。剪的含义来自电影的后期制作过程。电影制作中故事板的连接需要先剪断胶片，再根据需要将影片制作中所拍摄的大量素材经过选择、取舍、分解与组接，完成一个连贯流畅、含义明确、主题鲜明并有艺术感染力的作品，最后将胶片片段连接在一起，形成拷贝，这种整合、编辑的过程就是剪辑，它是对拍摄的一次再创造。

在短视频拍摄中，“编辑”一词具有两种含义：一是指一个工种，即编辑机上的操作员，侧重于物理效果，是技术层面上的；二是指创作上的一个环节，侧重于意义的表达，是艺术层面上的。本书论述所涉及“编辑”的两种含义兼而有之。

视频编辑主要分为线性编辑与非线性编辑两种类型。线性编辑是一种磁带编辑方式，利用电子技术手段，根据节目内容的需要将素材连接成新的连续画面的技术。通常使用组合编辑将素材按顺序编辑成新的连续画面，必要时以插入编辑的方式对某一段素材进行同样长度的替换，实现纠错。非线性编辑是利用计算机将各种类型的视音频信号转成数字信号，直接在计算机的硬盘上以帧或文件的方式迅速、准确地存取素材，进行编辑的方式。

二、视频编辑的原则

与有详尽分镜头脚本的电影、电视剧的编辑不同，以纪实性为特征的短视频的编辑，由于面对的是一堆杂乱的即兴式抓取的镜头，这时的编辑过程是创作味很浓的。创作意图的修正和表达，都依靠编辑过程逐步完成，只有好的编辑才能给予短视频生命。各种镜头为表达意义或叙述，在未经巧妙组合统一起来之前，只是许多零碎的片段，构图再美、信息量再大、表现力再强的镜头，若没有认真挑选和进行有意义的编辑，在段落中和成片之前，也只能像一块未经雕琢的玉石，难以展现自身的光彩。只有对它们进行切割、磨洗、造型、镶嵌等加工，才能展现出其“天生丽质”，供人充分欣赏。这些切割、磨洗、造型、镶嵌等工序也就是短视频制作过程中对前期拍摄的镜头的编辑过程，即挑选、切除、组合和排列。它最终给人的感觉不仅是视觉和心理上的流畅，更让人从中获得一种积累的效果。这种积累是由于在编辑中融合了巧妙的构思，使得镜头的组合效果往往比多场景段落加在一起的效果更大。从这个意义上来讲，编辑决不仅是重造，也是一种创造。正是艺术性和技巧的巧妙结合，使得镜头在组合和排列中完成其功能，并传达出丰富多样的意义。

剪辑的目的主要是准确鲜明地体现影视片的主题思想，做到结构严谨和节奏鲜明。剪辑的作用是将单独看来没有意义的声音和画面，经过剪辑产生旋律，通过组合形成情节。

（一）画面的组接

视频画面的编辑需要依照画面编辑点进行，编辑点包括情绪编辑、节奏编辑和景别编辑。

1. 情绪编辑

利用情绪编辑点最能体现人物的喜、怒、哀、乐，注重对人物情绪的夸张和渲染。

2. 节奏编辑

节奏编辑点使用的一般是没有人物语言的镜头，它以事件内容发展的节奏线索为基础，根据内容表达的情绪、气氛以及画面造型特征来灵活处理镜头的长度与编辑。用短镜头来创造一种节奏。

3. 景别编辑

由于不同的镜头向观众传达着不同的信息，每一个镜头都有它特定的意图。而不同的景别，往往又表现着不同的视野、空间范围、视觉韵律和节奏。

（二）镜头组接的原则

镜头组接必须遵循人类认识生活、观察事物的习惯和方式，符合人们思维的逻辑，清楚、条理、准确地叙述所表现的内容，这是基本要求。镜头组接还应当调动各种表现手段，发挥电影艺术的特长，生动、深刻、富于艺术美感与感染力地叙述内容。对拍摄对象进行分切与组合的依据是人类的生活逻辑和美学原则。

1. 符合生活规律

镜头组接要求讲究章法，要符合生活规律，要有层次。几个有规律、不同景别的镜头组接之后，要能表现一个具体的内容，说明一个具体的问题。前进式、后退式、循环式、跳跃式是叙事蒙太奇的四种主要句型。其应用原则是根据人们的视觉习惯，先近后远直至细节局部，或者因细节局部强烈吸引观众而形成先近后远，由局部向全局发展。

2. 符合思维规律

实际生活中，人们观察事物时，视线不是仅从一个角度、一个距离、一个目标出发，而是按照观察需要和思维规律，对事物的局部和整体全面观察。这些不相关的镜头经过选择，有意识地连接在一起，会使人们产生连续性的思维，产生由表及里的、由此及彼的功能和作用。

3. 符合相似性

上下两个镜头主体的形态具有相同或相似的特点，镜头间就可以实现顺利的过渡。

第二节　镜头与分镜头稿本

一、镜头

镜头包括两层含义，一是指物品，即装在摄影（像）机或放映机等光学成像设备上的透镜；二是指摄影（像）时，摄影（像）机从开始拍摄到结束时所拍摄到的一系列连续画面，或者在影视后期制作时所选取的画面片段，是影视作品构成的基本单位。影视作品应用镜头组去表现一个完整的意思，单个镜头相当于词，镜头组相当于句子。一个完整的影视作品是由若干个镜头组成的，若干个镜头组成一个个段落，若干个段落组成完整作品。影视作品镜头的多少由作品的长度及表现的需要而定，短视频的镜头数量相对较少。

镜头一般由起幅、运动、落幅构成。镜头可长可短，短则数秒，长则数十秒，时间更长的镜头称为长镜头。长镜头是一种拍摄手法，用一个拍摄时间比较长的镜头来代替一组短小的镜头，摄像机从开机拍摄到关机结束，延续时间较长，时间长是相对于短镜头而言的。长镜头的运用比短镜头要复杂得多。

二、镜头的类型及特点

通常情况下，镜头主要分为固定镜头和运动镜头两种。

固定镜头是指摄像机位置、摄距、高度、方向、角度、焦距均不变时拍摄获得的画面。摄像机不改变位置、在完全固定的情况下完成。在静态构图下，只有画面内人物移动，摄像机不参与移动。例如，静止的环境，人物、动物、回忆场景等。固定镜头特点是主要内容相对静止，观众会有一种驻足详观的视觉体验，容易形成观众的视觉注意；固定镜头会让观众忘记画框，更易关注内容表达和被摄对象。

运动镜头是指摄像机的机身、机位或是焦距任意一个发生变化的情况下拍摄的镜头。包括由移动摄像机机身或变动镜头的焦距形成的推、拉镜头，以及根据摄像机的移动形成的摇、移、跟、甩、升降等镜头。运动镜头适合表现通过镜头运动或时间延长形成情绪积累、氛围营造的内容。运动镜头内容广，利于情绪表达，创造视觉张力与空间表现力。

（一）推镜头

摄像机向被摄物体的方向推进或者变动摄像机的镜头焦距，使画面框架结构由远而近向被摄主体不断接近拍摄形成的画面。被摄体不动，镜头由远而近接近被摄物。同一个镜头内容，缓慢地推近，给人以从容、舒展和细微的感受。快推则产生紧张、急促、慌乱的效果。引导观众更深刻地感受人物的内心活动，加强气氛的烘托。用于突出重点、表现细节、交代整体与局部关系。

（二）拉镜头

摄像机逐渐远离被摄主体或者变动摄像机的镜头焦距，使画面框架结构由近而远与被摄主体拉开距离拍摄获得的画面。被摄体在画幅中由大变小，由近及远。用于表达时空的完整和连续、交代局部与整体的关系。

（三）摇镜头

摄像机机位不动，借助三脚架云台的活动或摄像者身体的转动，变动镜头轴线拍摄获得的画面。摄像机不移动，只是镜头上下、左右或旋转式摇动地运动。用于展示空间、扩大视野，同一场景中，交代两种事物的关系。

（四）移镜头

通过移动机位，使景别发生变化拍摄获得的画面。包括水平移动以及上下移动。用于开拓画面空间、凸显场面和气势、表达主观色彩。

（五）跟镜头

摄像机始终跟随运动的被摄主体一起运动拍摄获得的画面。主体的景别不变，摄像机始终保持一定距离追踪着被摄体，可使画面具有一种连贯流畅的视觉效果。用于详尽、连续、完整地表现运动主体及体现真实、客观。

（六）组合镜头

多运动方式组合拍摄形成的画面。为了更充分突出表现某一情节，在一个镜头里，将推、拉、升、降、摇、移等镜头结合在一起使用。形成正、侧、仰、俯、平等各种不同的镜头角度。用于既表现环境的全貌，又表现某个特定人物的细节以及人物之间的关系。

三、分镜头稿本

分镜头稿本又称摄制工作台本、导演剧本，是将文字转换成立体视听形象的中间媒介，主要任务是根据解说词和电视文学稿本来设计相应画面，配置音乐音响，把握片子的节奏和风格等。分镜头稿本就好比建筑大厦的蓝图，是拍摄时的作业指导书，是视频编辑时的路线图，是后期制作时的操作说明书，也是创作人员领会意图、理解内容、进行再创作的依据。

分镜头稿本规定了镜头的类别及时间长度、镜头组接原则、声画关系、节奏的处理、音响及效果等问题。见表 5-1。

表 5-1 分镜头稿本的格式

镜号	机号	景别	技巧	时间	画面内容	解说（对白）	音效	音乐	备注
1	2	远	摇	6	黄土高坡 雨雪天气	1975 年二、三月间，一个平平常常的日子，细蒙蒙的雨丝夹着一星半点的雪花，正纷纷沥沥地向大地飘洒着	北风 呼啸	信天游	

镜号：即镜头顺序号，按组成镜头先后顺序，用数字标出。它可作为某一镜头的代号。拍摄时，不必按这个顺序拍摄，而编辑时，必须按这一顺序号进行编辑。

机号：现场拍摄时，往往是用2~3台摄像机同时进行工作，机号则是代表这一镜头是由哪一台摄像机拍摄。前后两个镜头分别用两台以上摄像机拍摄时，镜头的连接，就在现场马上通过特技机进行现场编辑。若是采用单机拍摄，后期再进行编辑，则无须标注机号。

景别：远景、全景、中景、近景、特写等，代表在不同距离观看被拍摄的对象，能根据内容要求反映对象的整体或突出局部。

技巧：技巧包括有摄像机拍摄时镜头的运动技巧，一般在分镜头稿本中，只标明镜头之间的组接技巧。

时间：指镜头画面的时间，表示该镜头的长短，一般时间是以秒标明。

画面内容：用文字阐述所拍摄的具体画面。为了阐述方便，推、拉、摇、移、跟等拍摄技巧也在这一栏中与具体画面结合在一起加以说明。有时也包括画面的组合技巧，如画面是分割两部分合成，或在画面上键控出某种图像等。

解说：对应一组镜头的解说词或对白，必须与画面密切配合。

音响效果：在相应的镜头标明使用的效果声。

音乐：注明音乐的内容及起止位置。

备注：方便创作记事用，必要时把创作要点及一些特别要求写在此栏。

分镜头稿本是创作的蓝图，视频编辑前务必精准把握、深刻领会，只有编、拍、剪各方精密协调、深入合作，视频编辑锦上添花，作品才能天衣无缝、精彩纷呈。

第三节 蒙太奇思维

蒙太奇思维是指为了塑造视觉形象，对现实生活观察、分析、概括进行艺术构思所采取的一种特殊的思维活动。与其他形象思维不同，它以画面和声音等各种表现元素及其相互错综复杂的关系为基础，进行构思、设计和组合。它揭示现实生活中种种现象的内在联系，使镜头、场面之间具有连续性和节奏感，在时间与空间的表现上获得自由，从而使影片具有高度的集中概括表现以及强烈的艺术感染。蒙太奇思维从写作文学剧本阶段开始，经设计和构思，并由集体创作以视觉形式实现。

一、蒙太奇思维

蒙太奇是创作者根据表现内容的需要，将镜头、场面、段落合乎逻辑、富于节奏地组成一个有机的艺术整体。代表人物:爱森斯坦、库里肖夫、普多夫金、维尔托夫。

蒙太奇原是法文 montage 的音译，原为建筑学术语，意为构成、装配。蒙太奇的含义有广义和狭义之分。狭义的蒙太奇专指对镜头画面、声音、色彩诸多元素编排组合的手段，即在后期制作中，将摄录的素材根据文学剧本和导演的总体构思精心排列，构成一部完整的影视作品。广义的蒙太奇不仅指镜头画面的组接，也指从影视剧作开始，直到作品完成，整个过程中艺术家的一种独特的艺术思维方式。

二、对蒙太奇的含义的不同解释

《现代汉语词典》:电影用语，有剪辑和组合的意思。也是电影导演重要表现方法之一，为表现影片的主题，将一串相对独立的镜头组织起来，构成一个完整的意境。

《大英百科全书》:蒙太奇指的是通过传达作品意图的最佳方式对整片进行的剪辑、剪接以及把曝光的影片组接起来的工作。

《论电影》(爱森斯坦):任何两个镜头的对列都可以产生新的意义。

《电影语言》(马赛尔·马尔丹):蒙太奇是电影语言最独特的基础。

巴拉兹:蒙太奇并不表现现实，它表现了真理或谎言。

夏衍:蒙太奇，就是依照情节的发展、观众注意力和关心的程序，把一个个镜头合乎逻辑、有节奏地连接起来，使观众得到一个明确、生动的印象或感觉，从而使他们正确了解一件事情的发展的一种技法。

三、蒙太奇的类型

蒙太奇类型包括叙事蒙太奇和表现蒙太奇两种。

（一）叙事蒙太奇

叙事蒙太奇是指按事物的发展规律、内在联系、时间顺序，把不同的镜头连接在一起，叙述一个情节，展示一系列事件的组接方法。叙事蒙太奇也称连续蒙太奇，它的作用是保持叙述对象的时空连续性，即接在一起的几个镜头在时间上是连续进行的，在空间上是相互联系的整体。叙事蒙太奇能够清晰地表达事件的发展和运动的连贯，使观众产生流畅、明白的感觉。

叙事蒙太奇是镜头组接的主要形式，大多数故事片、新闻片、教学片等都是按照叙事蒙太奇技法来编辑画面的。叙事蒙太奇分为平行蒙太奇、交叉蒙太奇、颠倒蒙太奇和顺序蒙太奇。

平行蒙太奇。平行蒙太奇以不同时空（或同时异地）发生的两条或两条以上的情节线并列表现、分头叙述并统一在一个完整的结构之中。

交叉蒙太奇。又称交替蒙太奇，它将同一时间不同地点发生的两条或数条情节线迅速而频繁地交替剪接在一起，其中一条线索的发展往往影响另外线索，各条线索相互依存，最后汇合在一起。这种剪辑技巧极易引起悬念，造成紧张激烈的气氛，加强矛盾冲突的尖锐性，是调动观众情绪的有力手法，惊险片、恐怖片和战争片常用此法造成追逐和惊险的场面。

颠倒蒙太奇。颠倒时间顺序结构，用于叙述过去经历的事件和未来的想象。

顺序蒙太奇。顺序蒙太奇不像平行蒙太奇或交叉蒙太奇那样多线索地发展，而是沿着一条单一的情节线索，按照事件的逻辑顺序，有节奏地连续叙事。

（二）表现蒙太奇

表现蒙太奇又称对列蒙太奇，是以两个镜头的对列为基础，通过两个镜头不同画面的联系，产生明确的含义，造成观众对故事发展的直接、间接的认识，并产生进一步的联想。表现蒙太奇分为积累蒙太奇、对比蒙太奇、比喻蒙太奇和节奏蒙太奇。

积累蒙太奇。积累蒙太奇的剪辑是将一些内容性质、景别、运动方式等大致相似的镜头组接在一起，通过不断叠加的积累效应，树立一个主题或者渲染一种情绪。

对比蒙太奇。对比蒙太奇通过镜头、场面或段落之间在内容、形式上的反差造成强烈的对比，产生相互强调、相互冲突的作用，从而表达创作者的某种寓意或强化所表现的内容、情绪和思想。

比喻蒙太奇（象征蒙太奇、相似蒙太奇、联想蒙太奇）。比喻蒙太奇要求所连接的镜头、场面之间存在某种微妙的类比联系，通过“相似点”“具象点”“寓意点”，突出事物之间的有关特征，促使观众领会其中内在、深层的含义。

节奏蒙太奇。用节奏的快慢营造气氛，渲染情绪。

四、蒙太奇的艺术功能

（一）对表现对象的选择与取舍、概括进行集中组织与安排

蒙太奇按照主题的需要、作者的目的，通过对镜头、场面、段落的分切与组接，删去表现的对象生活中琐细的过程、重复的动作、没有审美意义的人和事，突出生活中既具有叙事信息又具有视觉意义的部分和细节，组成客体生活的艺术形态。影视就是省略的艺术，蒙太奇镜头组接的基本精神就在于此。

（二）引导观众注意力，激发联想

蒙太奇应包括所有“镜头组接”的技巧在内，无论是连续的构成或对列的构成方法，都要根据一个总体构思和计划，把许许多多镜头分别加以剪裁，然后把它们组接起来，发挥比它们原来单个存在时更大的作用。镜头组接的顺序和方式直接影响、制约镜头的含义，无不规范观众的思路和感觉。

（三）创造独特的影视时空

依靠平行、交叉、重复、闪前、闪回等形式镜头的组接，电影塑造了极端自由、超越的时空，将过去、现在、将来融于一体，将心理时空和现实时空汇于一瞬，满足了人们对线性单向时间和单调空间超越的渴望。

（四）创造节奏

蒙太奇把不同长度和不同幅度的镜头组接起来，会产生不同的节奏。以长镜头抒情格调为主的影片和以短镜头组接为主的影片的节奏当然不同，大全景和特写给人的节奏感也不相同。

（五）创造声画结合的银幕形象

蒙太奇通过各种形式的镜头组接，将影视各种视觉元素（人、景、物、光、色、构图）和各种听觉元素（人声、自然及环境声、音乐）融合为运动、连续不断且具有各种关系的声画结合的银幕或荧屏形象。

五、中国古诗词中的蒙太奇

唐代诗人王维的《山居秋暝》："空山新雨后，天气晚来秋。明月松间照，清泉石上流。竹喧归浣女，莲动下渔舟。随意春芳歇，王孙自可留。"在叙事策略上采用了精巧的顺序蒙太奇思维，通过景别由远及近的运动变化到观察结果，由宽广到细节的视觉演进，再由内心从平静到激情的情绪反应等，进一步勾画出仙境般胜景。

唐代诗人张继的《枫桥夜泊》："月落乌啼霜满天，江枫渔火对愁眠。姑苏城外寒山寺，夜半钟声到客船。"运用了声画合一的手法，通过积累、对比等蒙太奇手法表达了作者的悲戚之情。

元代戏曲作家马致远的《天净沙·秋思》："枯藤老树昏鸦，小桥流水人家，古道西风瘦马。夕阳西下，断肠人在天涯。"同样运用积累、对比等蒙太奇手法，是我国传统文化在蒙太奇运用方面的优秀代表。

第四节　短视频编辑的一般过程及常用软件

一、短视频编辑的一般过程

短视频编辑的一般过程主要包括编前准备、修订编辑提纲、选择镜头、确定画面编辑逻辑关系、编辑技巧运用、确定画面组接方式、节奏处理和后期配音

（语言、音乐、音效）。

（一）编前准备

编前需要反复认真观看素材，通过熟悉原始的图像和声音素材，取舍镜头。首先想象可能的编辑效果，建立起初步的形象系统；其次，原始素材常常能激发创作灵感，有利于调整构思，保证素材的有效利用，熟悉素材还可以发现现有素材不足，以便尽快补拍或寻找相关声像素材；最后，通过对素材进行整理分类，做详尽的场记单，场记单包括素材带编号、每个镜头的内容、长度、质量效果，以便编辑时查找。

（二）修订编辑提纲

编辑提纲是编辑的依据，它包括总体结构、各段落的具体镜头、时间长度的分配等内容。可以说，完成一个完善的编辑提纲，就等于完成了节目的一半。编前修订编辑提纲可以保证素材被充分利用，不遗漏最适宜的镜头；还可以安排结构和各段落比例，提高编辑效率，保证节目时间的精确。

（三）选择镜头

选择镜头是编辑时面临的首要问题。镜头的选择一般大致从以下几个方面综合考虑。

第一，技术质量。技术质量即镜头影像是否清晰、曝光是否准确、运动镜头速度是否均匀。

第二，美学质量。美学质量即光线、构图、色彩等造型效果如何，有时还需考虑辅助元素的可用量，比如考虑哪个镜头适合配以音乐或音响等辅助元素，用以抒情或起承转合。

第三，影像的丰富多变性。尽可能丰富形象表现力和画面信息量，避免使用重复或过于相近的镜头。

第四，叙事需要。所选镜头应该是与内容表现相关的，影像素材好但与内容无关联的镜头，应该坚决舍弃。质量欠缺但是内容表现必需的镜头应保留，比如叙事必需又无可替代、突发性事态，等等，选择依据首先考虑的是内容意义的表达，不能简单以技术、美学要求为标准。

（四）确定画面编辑逻辑关系

编辑逻辑关系的确定首先是符合生活的逻辑，生活的逻辑包括纵向逻辑和横向逻辑。纵向逻辑是指动作与事实发展的过程，包含时间的连贯性与空间的连贯性；横向逻辑是指事物间的联系性和相关性，包含因果关系、对应关系、对比关系、并列关系。其次是符合观众的心理认知逻辑，包括各种注意力的转移，视觉受刺激的程度，对内容意义的感受，视点的变化，对情绪的感受，对引申意义的感受等。

（五）编辑技巧运用（技巧组接和无技巧组接）

编辑技巧运用必须遵循“动从动”“静接静”的规律，符合观众的思想方式和影视表现规律，同时注意其内在关联性。

（六）确定画面组接方式

对镜头进行组合排列，即精编。要按编辑提纲上的叙事表意要求，一个镜头一个镜头组合排列，用来表达创作者需要表达的意义。镜头的组合与排列，不仅要注意影视语言的语法规则，更要注意意义的表达，并要通过选择剪接点和镜头的不同长度来创造最佳的艺术效果。原本零散杂乱的镜头在这里被排列成一个有意义的有机整体，从而使短视频创作工作初步完成。去除一些多余的镜头或替换一些不合适的镜头，达到满意的艺术效果。

镜头的组接，就是把单个的镜头依据一定的规律和目的组接在一起，形成具有一定含义和内容完整的电视节目。镜头组接的目的是系统完整地叙述事情、表达思想、制造效果。镜头的组接不是简单地将零散的镜头拼凑在一起，而是一种目的明确的再创作，在镜头的组接过程中单个镜头的时空局限被打破，意义得以扩展、延伸。电视片正是通过不同镜头的组接而获得生命力的。

短视频编辑必须要以遵循事物发展的客观规律、时间顺序、空间变化顺序和因果关系为前提进行编辑，才能制作出生动、鲜活的作品。

（七）节奏的处理

以节奏的快慢来确定镜头的长短，镜头的长短对主题思想的发挥和画面的表现效果有极大的影响，应该充分使用镜头长度，形成一定的节奏，产生最佳的影视效果。不同体裁、内容的节目有节奏上的明显差异。一般情况风光片的节奏缓慢，有田园诗般的情调，武打片、侦察片的节奏较快。即使在同一部片子的开头和结尾，有时其节奏也不相同。为了准确表达影片的思想，需要节奏加快时，镜头的长度相对短一点；需要放慢节奏时，镜头的长度相对长一点。

（八）后期配音

合理完成语言、音乐、音效处理。编辑初步完成后还需要认真复查叙述是否符合真实性原则，是否符合生活逻辑，条理是否清楚，内容之间的联系是否合理自然。检查意义表达，结构是否完整匀称，意义表达是否准确，效果是否达到目的等。检查画面剪接点选择是否恰当，是否符合基本的影视语言规则，有无技术上的失误，运动的把握是否流畅，场面过渡是否自然。检查声音质量是否符合技术标准，声音是否连贯，与画面同步与否等。

视频编辑包括下列流程。如图 5-1 所示。

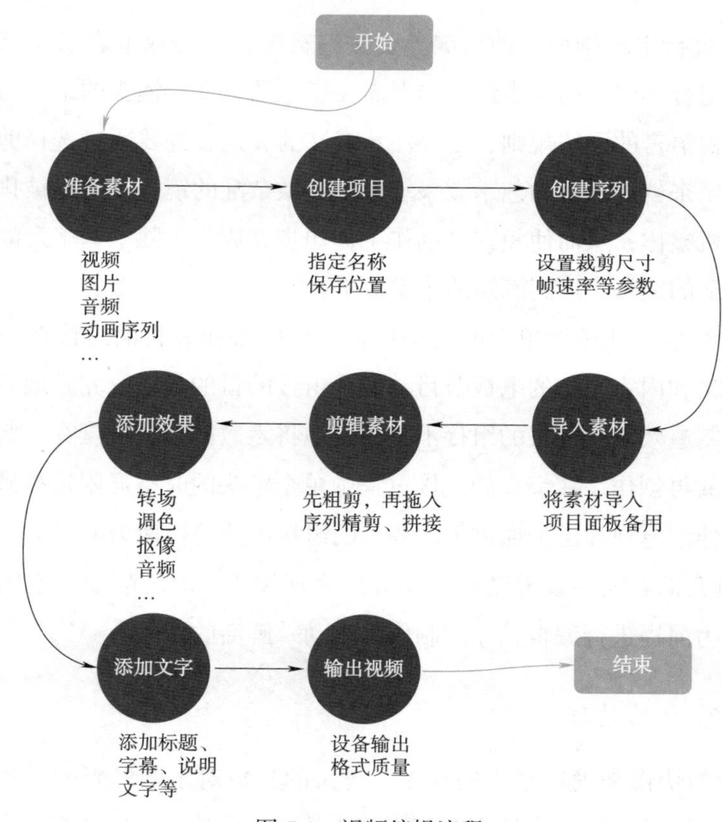

图 5-1　视频编辑流程

二、短视频编辑的常用软件

（一）Adobe Premiere Pro

Adobe公司推出的基于非线性编辑设备的视音频编辑软件Premier，在影视制作领域取得了巨大成功。其被广泛应用于电视、广告制作、电影剪辑等领域，成为PC和MGC平台上应用最为广泛的视频编辑软件。最新版本解决了DV数字化影像和网上的编辑问题，为Windows平台和其他跨平台的DV和网页影像提供了全新的支持。同时它可以与其他Adobe软件紧密集成，组成完整的视频设计解决方案。新增的Edit Original（编辑原稿）命令可以再次编辑置入的图形或图像。另外在Premiere 6.0中，首次加入关键帧的概念，用户可以在轨道中添加、移动、删除和编辑关键帧，对于控制高级的二维动画游刃有余。

将Premiere 6.0与After Effects 5配合使用，可以使二者发挥最大功能。After Effects 5.0是Premiere的自然延伸，主要用于将静止的图像推向视频、声音综合编辑。它集创建、编辑、模拟、合成动画、视频于一体，综合了影像、声音、视频的文件格式，可以说在掌握了一定技能的情况下，想象的东西基本都能够实现。

（二）EDIUS

EDIUS非线性编辑软件专为广播和后期制作环境而设计，特别针对新闻记者、无带化视频制播和存储。EDIUS拥有完善的基于文件的工作流程，提供了实时、多轨道、多格式混编、合成、色键、字幕和时间线输出功能。除了标准的EDIUS系列格式，还支持JPEG 2000、DVCPRO、P2、VariCam、Ikegami、GigaFlash、MXF、XDCAM和XDCAM EX等视频素材。同时支持所有DV、HDV摄像机和录像机。

（三）Ulead Media Studio Pro

Premiere算是比较专业人士普遍运用的软件，但对于一般网页上或教学、娱乐方面的应用，Premiere的亲和力就差了些，Media Studio Pro在这方面是更好的选择。

Media Studio Pro 主要的编辑应用程序有 Video Editor（类似 Premiere 的视频编辑软件）、Audio Editor（音效编辑）、CG Infinity（矢量动画）、Video Paint（录影绘画），内容涵盖了视频编辑、影片特效和 2D 动画制作，是一套整合性完备的视频编辑套餐式软件。它在 Video Editor 和 Audio Editor 的功能和概念上与 Premiere 的相差并不大，主要的不同在于 CG Infinity 与 Video Paint 这两个在动画制作与特效绘图方面的程序。CG Infinity 是一套矢量基础的 2D 平面动画制作软件，它绘制物件与编辑的能力可说是麻雀虽小、五脏俱全，用起来有 CorelDRAW 的味道。但是它比一般的绘图软件功能强大许多。例如，移动路径工具、物件样式面板、色彩特性、阴影特色等。Video Paint 的使用流程和一般 2D 软件非常类似，它在 Media Studio 家族中的地位就像 After Effects 与 Premiere 的关系。Video Paint 的特效滤镜和百宝箱功能非常强大。

（四）Corel Video Studio

会声会影是Corel公司制作的一款功能强大的视频编辑软件，英文名：Corel Video Studio，具有图像抓取和编修功能，可以抓取、转换MV、DV、V8、TV和实时记录抓取画面文件，并提供有超过100多种的编制功能与效果，可导出多种常见的视频格式，甚至可以直接制作成DVD和VCD光盘。会声会影在操作界面上与Media Studio Pro是完全不同的，在一些技术、功能上会声会影有特殊功能，例如动态电子贺卡、发送视频E-mail等功能。会声会影采用最流行的在线操作指南的步骤引导方式，来引导视频制作者处理各项视频、图像素材，它一共分为开始→捕获→故事板→效果→覆叠→标题→音频→完成8大步骤，并将操作方法与相关的配合注意事项，以“帮助文件”的形式显示出来称为会声会影指南，有利于初学者快速学习每一个流程的操作方法。

会声会影提供了 17 类 167 个转场效果，可以用拖动的方式应用，每个效果都可以做进一步的控制。另外我们还可以在影片中加入字幕、旁白或动态标题。会声会影的输出方式也多种多样，它可以输出传统的多媒体电影文件，例如 AVI、FLC 动画、MPEG 电影文件，也可以将制作完成的视频嵌入贺卡，生成一个可执行文件。通过内置的 Internet 发送功能，可以将视频通过电子邮件发送出去或者自动将它作为网页发布。如果有相关的视频捕获卡还可将 MPEG 电影文件转录到家用录像带上（VHS）。

（五）Sony Vegas

Sony Vegas 是一款专业影像编辑软件，被制作成为 Vegas Movie Studio，是专业版的简化且高效的版本。媲美 Premiere，挑战 After Effects。剪辑、特效、合成、发送一气呵成。结合高效率的操作界面与多功能的优异特性，让用户可以更简易地创造丰富的影像。Vegas 7.0 为一整合影像编辑与声音编辑的软件，提供了视讯合成、进阶编码、转场特效、修剪及动画控制等。不论是专业人士或是个人用户，都可因其简易的操作界面而轻松上手。

（六）Windows Movie Marker

Windows Movie Marker 是 Windows 自带的视频编辑软件。可以进行简单的视频制作与处理。支持 WMV、AVI 等格式，可以添加视频效果、制作视频标题、添加字幕等。编辑完成后，可以自己选择保存的清晰度、大小、码率等。

第五节　短视频的剪映编辑

剪映是由抖音官方推出的一款手机视频编辑工具，可用于手机短视频的剪辑制作和发布。具有全面的剪辑功能，有多样滤镜和美颜效果，有丰富的曲库资源。自 2021 年 2 月起，剪映支持在手机端、Pad 端，Mac 电脑、Windows 电脑全终端使用。目前剪映有手机版和电脑版两种版本。

剪映的电脑版相对手机版，要求使用者具备一定的专业素质，其自动化程度虽然还不是很高，但更加容易实现自主化，更加容易发挥制作者的个性特点。

使用剪映的手机版编辑短视频已经近乎全智能式操作，使用者只需要按照软件的固定模式“按图索骥”，就可以依据提示逐步实现短视频由拍到编再到发布的全过程。所有的操作都在窗口中进行，软件甚至还可以自动选择相对适合的音乐，视频编辑毫无压力。

一、剪映的界面及功能

剪映配备了齐全的编辑工具及编辑模板，编辑过程就像搭建积木一样，使用顺手的工具，按照同款样板就可以制作出绚丽的短视频。

剪映电脑版的窗口如同大多数Windows窗口一样，剪映的功能界面主要包括四大块：素材面板、播放器面板、功能面板和时间线面板。如图5-2所示。

图 5-2　剪映的功能界面

（一）素材面板

素材面板是由媒体、音频、文本、贴纸、特效、转场、滤镜、调节、素材包以及导入面板组成。

媒体：由本地、云素材、素材库三个子项构成。选择其中任一选项可以分别选取存储在本地、云素材、素材库中的画面素材。

音频：由音乐素材、音效素材、音频提取、抖音收藏和链接下载构成。“音乐素材”指声乐、器乐类音乐素材；“音效素材”指音响、效果类素材；“音频提取”指在视听资料中抽取的音频文件；“抖音收藏”是指平常收藏的音频文件；“链接下载”指通过输入网址下载的音频文件。

文本：由新建文本、花字、文字模板、智能字幕、识别歌词和本地字幕组成。“新建字幕”可以自己设计较为复杂的个性化字幕；“花字”可以选择已经设计好的字幕样式；“文字模板”可以选择各种字符组合而成的字符样式；“智能字幕”可以完成识别音视频中的人声并自动生成字幕，也可以输入音视频对应的文稿自动匹配画面；“识别歌词”可以识别音轨上的人声并且在时间线上生成字幕文本；“本地字幕”可以输入本地已经形成的SRT、LRC、ASS格式的文本文件。

贴纸：包含各级各类的贴纸素材，可以根据自己的需要，方便地输入各类适宜的贴纸图案，满足制作需要。

特效：包含各种类型的画面特技效果，直观的视觉效果呈现，可以实时预看效果，点击即可实现运用。

转场：包含各类已经设定好参数的两个画面间过渡的转场效果。

滤镜：滤镜库中包含了各种类型的滤镜效果。滤镜是指在画面的形成过程中，在成像设备镜头的前方添加某一波长的镜片，以控制某一光线的透过率。滤镜可以形成画面的不同色彩风格。在影视后期编辑过程中，滤镜主要是通过改变一定的数值来实现图像的各种特殊效果。

调节：调节部分主要包含自定义和预设两个选项，自定义调节可以根据自己实际需要，调节画面中的色彩及光照效果，例如，色温、色彩的三要素以及光的方向、明暗等。

素材包：内含大量的已存储在本地或云端的现成素材，剪辑时只需要按需调用即可。

（二）播放器面板

播放器面板可以完成画面位置、画面大小、运动等简单编辑以及画质选择、播放、声音编辑、画幅比例和全屏等处理。

（三）功能面板

在时间线上选定某一素材后，就可以在功能面板中实现画面、音频、变速、动画等操作了。

画面：第一，选定素材，可以以关键帧的方式实现画面位置、大小、旋转的调整；第二，完成镜头及镜头间的混合；第三，实现视频的抖动纠正；第四，智能美颜，这里剪映可以通过选择数值实现磨皮、瘦脸、大眼、瘦鼻、美白、美牙等功能；第五，智能媒体，同样通过选择数值实现瘦身、长腿、瘦腰、小头等功能。

音频：音频部分可以实现音量大小调节、声音不同时长的淡入淡出、降噪、变声等功能操作。

变速：变速播放可以实现音视频播放从0.1倍到100倍之间的变化，用以减慢或加快播放速度，必要时还可以实现补帧。

动画：动画部分可以完成入场、出场、组合等画面间的动画过渡。

（四）时间线面板

时间线面板是剪映最重要的工作舞台，时间线就像工厂的生产线，是整个影片的加工组装、生产的基本场所。时间线主要由工具栏与轨道栏组成。

工具栏是由鼠标选择工具、撤销及反撤销、分割、删除、定格、倒放、镜像、旋转、裁剪、录音、画面吸附、音画联动、时间预览、时间轴缩小放大等。

在轨道栏可以实现轨道数的增减，可以根据需要增减画面轨道以及声音轨道、标题轨道、形状动画轨道、特技轨道等。轨道上所有声画元素都可以进行编辑修剪。

二、使用剪映编辑短视频

一般来说，视频的编辑创作要经历创设工作环境、导入素材、编辑整合素材、导出成片四大阶段。

（一）创设工作环境

1. 下载安装并打开剪映

目前剪映编辑软件可以直接登录官方网站免费下载，安装基本智能化，用户只需要做简单的选择即可实现安装。

2. 点击开始创作预设项目参数

注册成为剪映用户就可以开始属于自己的视频创作旅程了。单击“开始创作”就进入了工作界面。一般来说每次登录剪映就会自动以时间为标题建立剪辑项目，未完成的视频可以多次登录分期工作。如图 5-3 所示。

图 5-3　剪映的工作界面

（二）导入素材

进入编辑工作前，必须事先准好编辑所需要的素材，这些素材主要包括视频、音频、动画、图片、文本、图形等。选择素材，点击打开。按照预设将视频拖入编辑区，进入编辑状态。如图 5-4 所示。

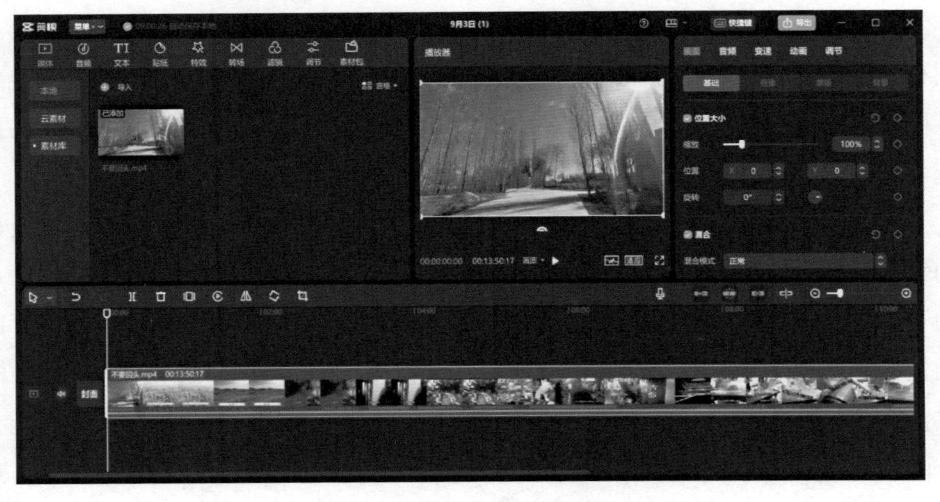

图 5-4　素材进入编辑状态

（三）编辑整合素材

1. 画面编辑

剪映中画面的各种编辑只需要在相应的界面中选择相应的预设，并适当改变参数应用就可以完成，操作很便利。如图 5-5 所示。

图 5-5 选择相应预设

画面编辑的事实是根据需要排列组合镜头顺序，形成镜头队列及镜头组。画面编辑首要解决的是画面的底层逻辑问题。首先，画面的顺序及逻辑关系，是短视频编辑水平高低的分水岭。创作者根据表现内容的需要，依照蒙太奇思维，遵循视听语言规律，将镜头、场面、段落合乎逻辑、富于节奏地组成一个艺术整体。其次，编辑必须正确处理受众心理需要与客观存在的关系。特效的选择与运用在满足艺术表现需要的同时，尽可能符合客观生活常识；转场效果的编排也应该以短视频的内容为核心，协调虚拟环境与事实；滤镜、调节以短视频主题为前提，发挥色彩、光线的艺术表现力，使之形成合力，为表现主题服务。

编辑镜头形成队列（镜头组），应依据分镜头稿本，分别将导入素材面板的镜头按照表现的逻辑关系一一排列，形成故事板。画面的编排要遵循“动从动”“静接静”的规律。如果画面中同一主体或不同主体的动作是连贯的，可以动作接动作，达到顺畅、简洁过渡的目的，称为“动接动”；如果两个画面中的主体运动是不连贯的，或者中间有停顿时，那么这两个镜头的组接，必须在前一个画面主体做完一个完整动作停下来后，接上一个从静止到开始的运动镜头，这就是“静接静”。“静接静”组接时，前一个镜头结尾停止的片刻叫“落幅”，后一镜头运动前静止的片刻叫作“起幅”，落幅与起幅时间间隔大约为一两秒钟。运动镜头和固定镜头组接，同样应遵循这个规律。

如果一个固定镜头要接一个摇镜头，则摇镜头开始要有起幅；相反一个摇镜头接一个固定镜头，那么摇镜头要有落幅，否则画面就会给人一种跳动的视感。

画面的组接还要符合观众的思想方式和影视表现规律，注意其内在关联性。镜头的组接要符合生活的逻辑和思维的逻辑。不符合逻辑观众就看不懂。短视频要表达的主题与中心思想一定要明确，在这个基础上我们才能确定根据观众的心理要求，即思维逻辑选，用哪些镜头，将它们组合在一起。

镜头节奏的把握要考虑画面时间长短的选择，画面内容复杂的比画面内容简单的要长一点；大景别的镜头长度比小景别的长度要长一点；反映事物动态的镜头比反映事物静态的镜头应长一点；观众熟悉的镜头可短些，观众不熟悉的镜头可长些；有字幕的画面镜头要适当长一点，目的是让观众能把字幕阅读完。

要产生快捷、跳跃、紧张的节奏，多用短镜头，镜头切换频率较高；要产生平稳、舒缓、松弛的节奏，多用景别单一的长镜头，镜头切换频率不高。

调整素材的顺序：选择好素材之后，所有的素材都按照选择的顺序出现在工作页面，如果对素材的顺序不满意，可以长按这段视频，拖动到要放的地方。如图5-6所示。

图 5-6　调整素材顺序

调整素材的尺寸：点击【画面】/【缩放】，选择合适的视频比例进行视频画幅的选择。如图5-7所示。

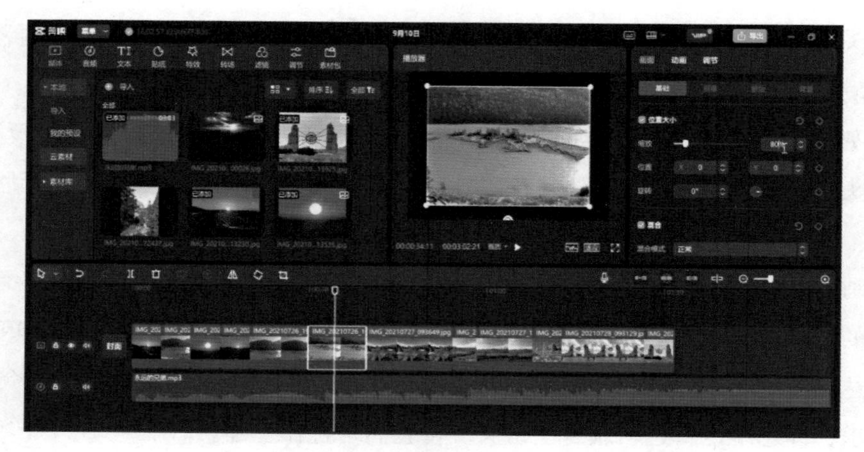

图 5-7 视频画幅的选择

视频分割：视频分割就是把素材中不需要的内容剪掉，点击想要操作的素材片段，点击【分割】就可将视音频切开，分别进行选择和修剪即可。如图5-8所示。

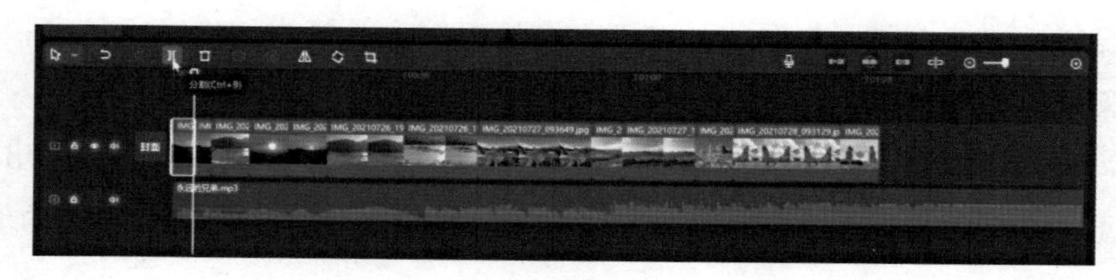

图 5-8 视频切割

给视频添加转场：素材和素材之间有时候会有过渡突兀的状况，就像语句之间缺少介词一样，为了平抑突兀感就需要给视频添加转场，转场就是段落与段落、场景与场景之间的过渡或转换。转场的添加其实是比较容易的。

点击【转场】，然后在【转场效果】中选择任意一项，【素材窗口】中出现相应的实时效果，选择心仪的形成效果，单击【+】添加到需要的地方，在【功能面板】中选择时长即可。如图5-9所示。

给视频添加特效和滤镜：特效是指特殊的效果。通常是由电脑软件制作出的现实中一般不会出现的特殊效果，特效一般包括声音特效和视觉特效。在视频中添加适当的效果和滤镜可以实现语言描述无法实现的时空环境，例如，子弹运行的轨迹，心理变化的状态等都可以利用特效实现。特效可以添加到一个片段中，也可以选择应用到全部。

图 5-9　给视频添加转场

点击【特效】，然后在【特效效果】中选择任意一项，【素材窗口】中出现相应的实时效果，选择心仪的形成效果，单击【+】添加到需要的地方，在【功能面板】中反复选择适宜的【氛围】【滤镜】【速度】即可。如图 5-10 所示。

图 5-10　给视频添加特效和滤镜

选择制作封面：剪映专门设计了封面的设置功能，与其他视频编辑软件相比，封面功能省去了许多设计环节，初级用户就可以简便地设计封面。相对而言，封面的制作要复杂一些，多了些功能，程序也较为繁复，但学习可以“按图索骥”，看图作画就好。

点击【时间线窗口】界面的左端可以设置封面了，过程是：第一步，点击【封面】【视频帧】（或【本地】，如果需要在当前播放光标以外添加新的画面就可选择此项导入新的画面）【去编辑】【模板】【默认】【推荐】【生活】【游戏】【知识】【时尚】【影视】【美食】选择其中一项直接运用即可完成套用；第二步，单击【文本】【新建】(或选择【花字】，套用预设的效果完成文字输入及效果选择)【默认文本】输入需要的文字，在【系统】下可以设置选择字体；【色块】中选择文本的色彩及不透明度；【阴影】选择文字立体效果；【描边】增加文字的边沿效果、不透明度；【气泡】可以为文字添加背景形状；【排列】可以调整文字的字间距、行间距、对齐方式等；双击文字框可以直接同时调整文字的大小、方向等；选择画面右下的功能图标还可以对视频帧的操作进行撤销与反撤销，对视频进行裁剪、重新输入新的视频帧等。如图5-11、图5-12所示。

图 5-11　点击“模板”按钮

图 5-12　选择字体

所有的工作完成后点击【完成设置】封面制作完成，【时间线面板】上原来的【封面】变成了已经设计好的封面图示。

图 5-13　完成的封面

2. 音频编辑

短视频中的音频包括语言、音乐和音响三部分。

语言是视频内容的主要载体，短视频中的语言包括解说词、报道词、对白、旁白等，语言的处理要满足口语化、通俗化的特点。

短视频中的音乐是用来写意的，音乐可以揭示主题、烘托和渲染氛围，揭示人物的心理活动和情感变化、抒发情感，推动情节之间的过渡、影响观众心理，音乐的处理应尽量符合事件、时间、地点、人物的情境与情节，注意音乐流与音符的内在情感，做到恰如其分，同时注意音乐运用的目的性、统一性、流畅性和朴素性。

音响包括同期声和效果，是用来写实的。音响是指除了人的语言、音乐以外的其他声响，包括自然环境的声响、动物的声音、机器工具的声响、人的动作发出的各种声音等。音响的来源有真实和模拟两种。音响可以加强现场感、表现时间和空间、渲染烘托环境气氛、刻画人物形象及心理等。

音频的编辑过程与视频的编辑大同小异，编辑思想、设计与视频编辑基本一致，但要简单得多，能够进行个性化编辑的参数变动也不多。大多情况下对音频的编辑主要是调整音量的大小及对音色的选择。

音量的大小调整与匹配：音量的调整的原则是当语言、音响、音乐同时存在时，音响及音乐不能影响人对语言的感知，一般来说语言的音量应该远大于音乐的音量；音响因为持续时间较短，因而对人感知理解语言的影响较小。声音的过渡和画面的过渡类似，只要细心耐心一点，一般利用关键帧就可以进行有效调整，操作比较简单。仔细比较语言、音乐、音响的关系，点击【音量】右侧的关键帧标记就会在时间线的音轨形成标记点，使用鼠标上下拖动标记点就会完成音量的大小调整与匹配及声音的过渡。如图 5-14、图 5-15 所示。

图 5-14　调整音量大小

图 5-15　声音的过渡

声音的变声处理：变声的方法主要是改变音色。音色是声音的品质，又叫音品，它反映了每个物体发出的声音特有的品质。不同的发声体由于其材料、结构不同，发出声音的音色也不同。

剪映中的变声处理只要进行简单选择就可以实现。选择音轨上需要变声的声音，如果是一整段声音，需要首先选择编辑起始点（入点），拖动播放头到入点，点击【分割】，再拖动播放头到结束点（出点），点击【分割】，选中入点和出点之间的声音，点击【功能窗口】上【变声】，在【变声】符合前打钩，点击下方框内向下的箭头，在下拉菜单中选择需要的效果即可完成变声处理。如图 5-16 所示。

图 5-16　变声处理

剪映中声音的处理要简单得多，要想实现更丰富的声音效果处理，就需要更为专业的声音处理软件，例如 Adobe Audition 等。

3. 文本编辑

短视频中的文本编辑就是根据主题表现的需要选择合适的文字语言并以适宜的形式呈现。

剪映中的文字编辑可以在【新建文本】【花字】【文字模板】【智能字幕】【识别歌词】【本地字幕】选择任意一种模式建立需要的文本样式。如图 5-17 所示。

图 5-17　“文字模板”模式编辑文字

（四）导出成片

短视频的导出，单击剪映中的导出按钮就进入导出界面，此时只需要命名作品名称,指定导出路径,指定导出视频的参数后即可完成视频的导出。如图 5-18 所示。

图 5-18　导出视频

总之，短视频编辑制作是一项系统工程，需要较强的综合能力。短视频制作是综合艺术，需要很多知识的融合。短视频编辑除具备视听语言、镜头语言及场面调度、音乐、美术等知识外，还需要文学修养、造型能力、空间表现与想象能力、丰富的生活经验和广泛的历史、科技、自然、社会等知识的储备。

第六节　短视频的 Premiere Pro 编辑

Adobe Premiere Pro（简称 PR）是由 Adobe 公司开发的一款非线性编辑的视频编辑软件。是目前相对专业的主流视频编辑软件之一，是 Adobe 家族的一款视频编辑软件，功能强大，通常与 Adobe After Effects 配合使用。Adobe Premiere Pro 学习难度相对较小，是受欢迎的视频剪辑工具之一。

一、初识 Premiere Pro

打开 Adobe Premiere Pro，进入软件的欢迎界面。在欢迎界面可以进行【打开项目】或者【新建项目】的选择，思维逻辑是已建好项目就选择【打开项目】，若未建立则选择【新建项目】。如图 5-19 所示。

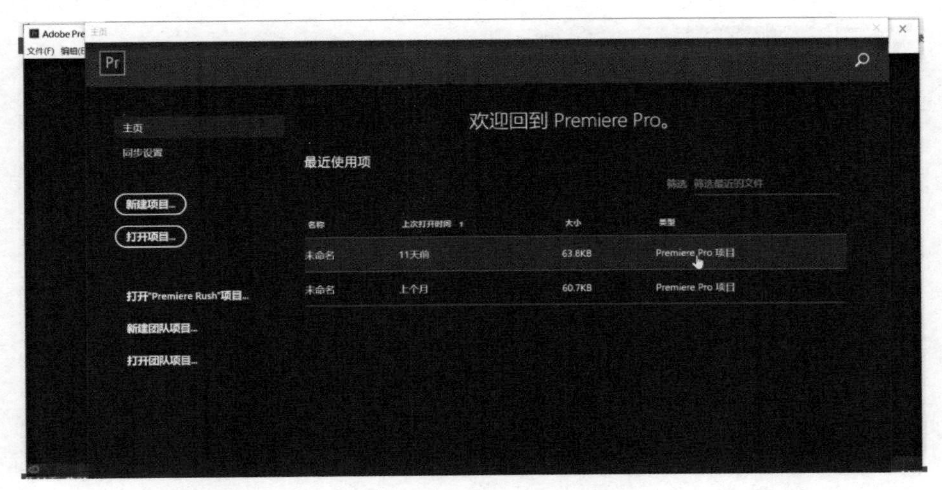

图 5-19　欢迎界面

单击【新建项目】进入新建项目窗口，这里需要定义文件名及存储路径，所选存储盘应该预留不小于 30G 的快速硬盘空间。如图 5-20 所示。

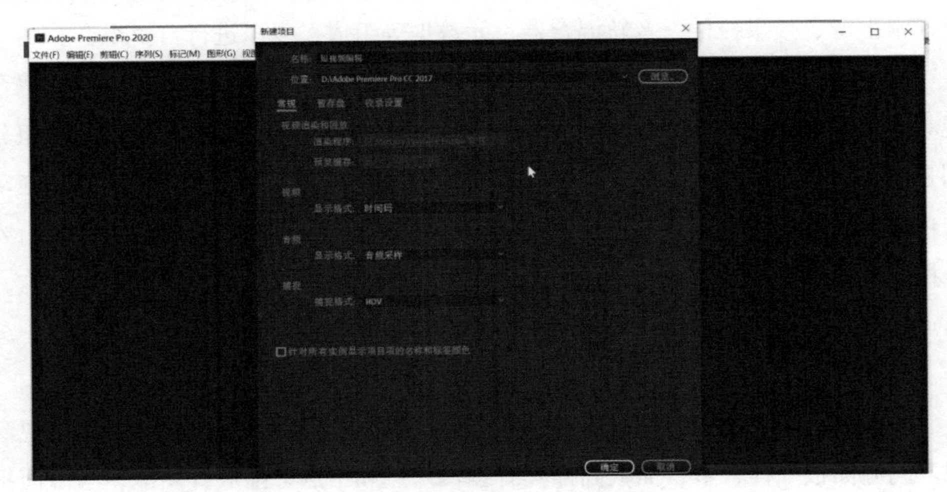

图 5-20　新建项目窗口

选择好【名称】和【位置（存储路径）】，确定后进入 Adobe Premiere Pro 剪辑视频工作区域。

Adobe Premiere Pro的工作界面由标题栏、菜单栏、源面板、节目面板、项目面板、工具栏、时间线面板和音频仪表组成。标题栏用来显示项目的存储路径、名称等信息；菜单栏由文件、编辑、剪辑、序列、标记、图形、视图、窗口、帮助组成。如图5-21所示。

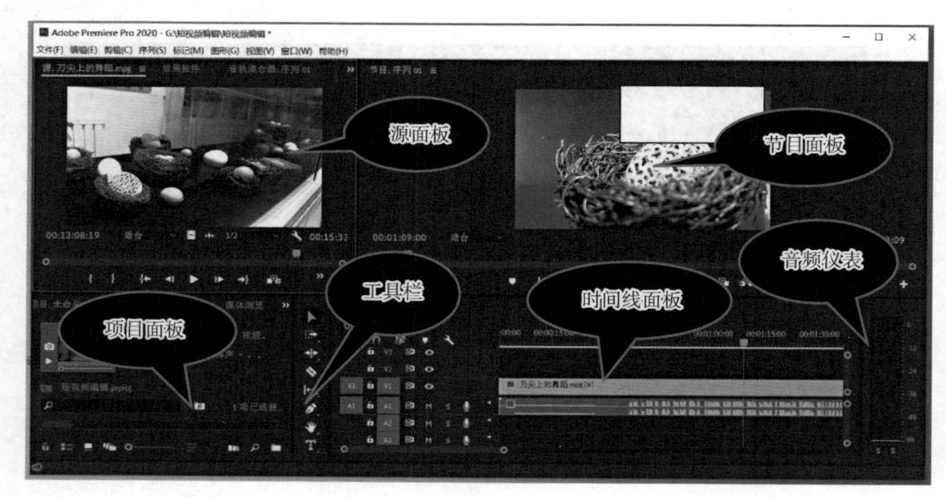

图 5-21　工作界面

1. 源面板

源面板可以是一个独立的面板，更多的时候源面板是一个面板簇，面板簇里通常由源、效果控件、音轨混合器、元数据等组成，可以进行自由组合。

双击素材面板中的素材，左边窗口的“源面板”主要用来显示预览粗剪音视频素材。在源面板中可以进行简单的视频剪辑和处理。“源面板”上的按钮分别是编辑入点、编辑出点、逐帧退播、播放、逐帧进播等，可以随意增减；拖动蓝色方形的滑块，可以调节视频进度。把滑块移动到要开始剪辑的地方，点击入点按钮便可设置入点。同样选择剪辑的结束点，点击编辑出点就可以设置出点，入点和出点之间的视频就是粗剪的视频。

2. 节目面板

节目面板跟源面板差不多，它的主要任务是监看，所以有时候又称监视窗口。同源面板一样，节目面板同样具有编辑入点和出点、播放等功能，与源面板不同的是出点和入点在节目面板预览时，设置出入点可以删除视频片段。在节目面板设置好出入点，点击图中“减去”按钮即可删除视频片段。还可以按住时间线上的视频，移动视频的具体位置，进行剪辑。

3. 项目面板

项目面板由项目、效果、历史、信息、媒体浏览器组成。效果主要的任务是实现视频、音频素材的特殊效果处理以及音视频素材间的过渡（转场）处理。包括音频效果、音频过渡，视频效果、视频过渡以及预设、自定义素材箱等。

4. 工具栏

工具栏包括选择工具、波纹编辑工具、剃刀工具、外滑工具、钢笔工具、文字工具、滚动编辑工具、比例拉伸工具等。

最常用的是剃刀工具和选择工具，剪辑时常常需要在这两个工具间来回切换。

选择工具：选择素材，也可用来编辑。

波纹编辑工具：使用方式和选择工具的剪辑功能用法一样；不同的是，它向哪边拖动（剪辑），剪辑完后邻近的素材片段会进行自动补充（选择工具剪完后会留下空隙，需要手动进行调整），且邻近的素材不受损失。

剃刀工具：对时间线上的素材进行剪切。

外滑工具：主要针对经过“出入点设置”剪辑过的素材。在不改变序列长度和其他视频情况下，对本身的内容进行重新截取。

钢笔工具：直接在时间线上点击，可添加关键帧。

文字工具：为视频添加文字（字幕）效果。

滚动编辑工具：跟波纹编辑工具差不多；不同的是，它向哪边拖动（剪辑），相邻的素材片段也会被一并剪掉。

比例拉伸工具：将素材片段的时间线拉长或缩短（也就是实现快放及慢放的效果）。

5. 时间线面板

时间线面板主要组成部分是视频轨和音频轨，时间线上的轨道数可以达到 99 个轨道。每一个轨道上可以放置无数音视频素材，Video1 表示视频轨道 1，Audio1 表示音频轨道 1。编辑时只要把音视频分别拖到轨道上即可进行音视频队列。轨道上显示的视频时间可以通过拖动滑块放大或缩小时间线，当剪辑的视频时间很长时，可以拖动来缩小轨道视图。轨道上的音视频可以显示也可以隐藏，音视频可以单独存在也可以联动使用，既方便对音视频素材的单独编辑，也可以音视频连在一起编辑，避免出现声画异步现象。在时间上选择需要播放的素材，单击空格键，就可以在节目面板看到效果了。利用吸附工具就可以保证素材之间无缝连接，利用标记工具可以在需要的素材上方便地进行标记，方便快速选择到编辑点。

二、Premiere Pro 编辑短视频

（一）导入素材

单击菜单上的导入，选择要进行剪辑的视频，点击就可以导入视频到素材面板中。

可以依次点击顶部菜单【文件】【导入】导入所需素材，也可以直接在媒体素材中将音视频素材拖动至项目窗口。必要时导入的素材最好建立不同的文件夹，分门别类存放不同类型的文件。

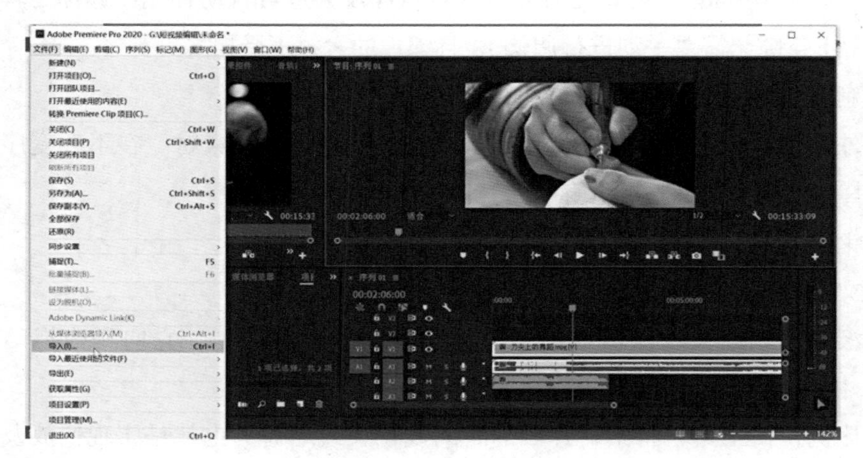

图 5-22　导入素材

（二）新建序列

新建序列就是在编辑视频前设置相关的参数（如分辨率、音频采样率、帧速率等）。只有建立了序列，才能在 PR 编辑窗口进行编辑。

依次点击顶部菜单【文件】【新建】【序列】，设置需要的参数。例如：

时基：25.00 fps

采样率：48 000 Hz 或 44 100 Hz

帧大小：1 920 h × 1 080 v（1.0000）

如图 5-23 所示。

如果不需要设定指导的序列参数，可以将项目中的素材直接拖动至时间线上（按素材自带参数），系统会自动创建序列。

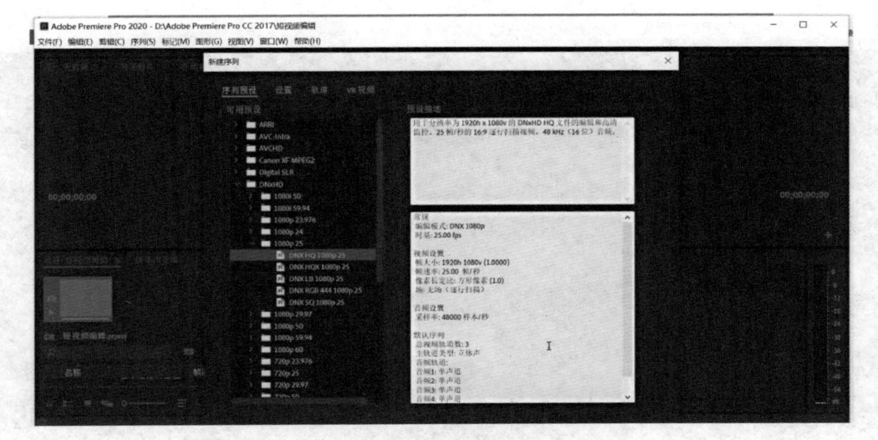

图 5-23　新建序列

（三）视频编辑

视频编辑的主要工作是处理画面、声音、文本、图形、动画、图片和效果等视听元素及其相互关系。

时间线上的轨道及素材可以随意调整，时间线上设有多条视频和音频轨道，可用来进行素材（图片 / 视频 / 字幕 / 音频等）叠加，以实现添加水印、混音等效果。

通过【效果控件】中的位置、缩放等功能，可调整素材的大小位置以及素材的透明度等，时间线上素材可以直接拖动，也可以在项目窗口导入素材时一次性导入。素材导入时可以改变设置，也可以不改变；素材导入后还可以右击时间线上的素材，可选择【缩放为帧大小】适应制作的需要。

用关键帧可为素材在不同时间段设置不同位置、缩放、旋转、透明度等。

1. 时间线上镜头的编排

根据表现的需要，将导入的素材按照顺序进行排列组合形成镜头队列，镜头的处理可以在一条轨道上，也可以在若干条轨道上。在同一画面中如果显示的画面只有一种，只需要在同一轨道上编排，如果在同一画面上同时显示多个画面，则需要在多条轨道上编排镜头，但需要注意大多数情况下，多条轨道上只有文字默认是透明的，可以直接叠加在底层画面上，其余的多轨道画面都需要进行透明或其他设置才能在同一画面中显示。如图 5-24 所示。

2. 制作字幕

字幕的制作可以有多种方法，选择任意一种方法都可以实现字幕制作。

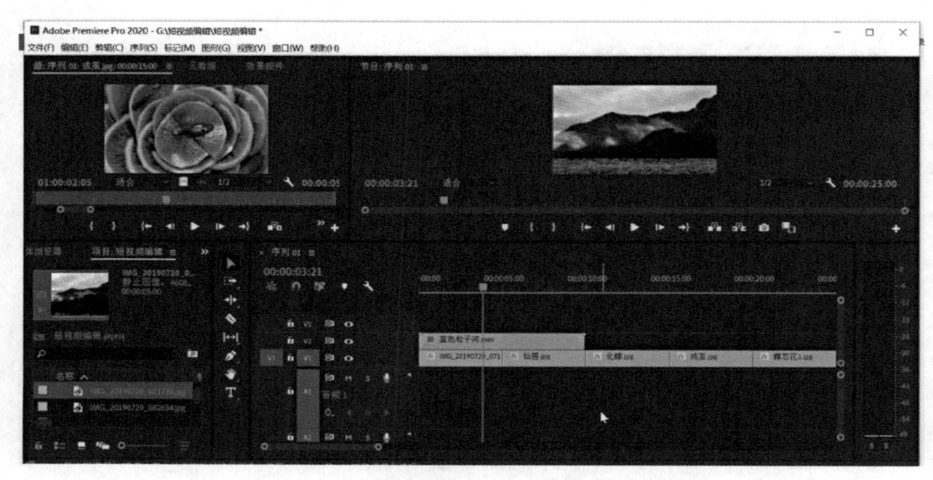

图 5-24　镜头的编排

方法1：文本工具

从 Premiere CC 2017 以上的版本开始，可以用【文本工具】在视频上直接添加字幕。左上角的【效果控件】窗口可以给文本添加颜色、阴影，进行缩放、对齐、旋转、改变不透明度等相关操作。如图 5-25 所示。

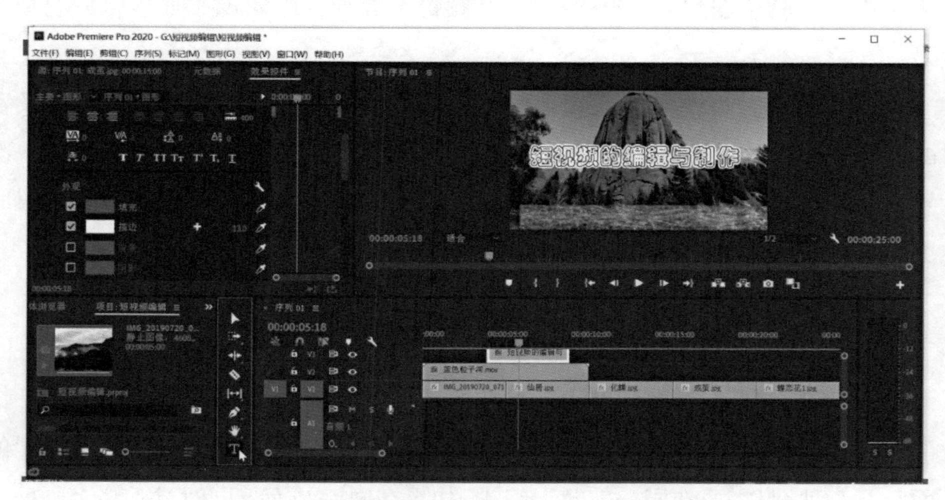

图 5-25　给文本添加效果

方法2：旧版标题

Premiere CC 2017 之前为视频添加字幕的方式：点击菜单【文件】【新建】【旧版标题】，然后在弹出的窗口编辑即可。如图 5-26 所示。

创建字幕会打开一个独立的字幕编辑窗口，完成字体、颜色、对齐等修改字幕的操作；不同的是它被创建后会默认放在素材列表栏中，需要手动拖动到时间线上去。

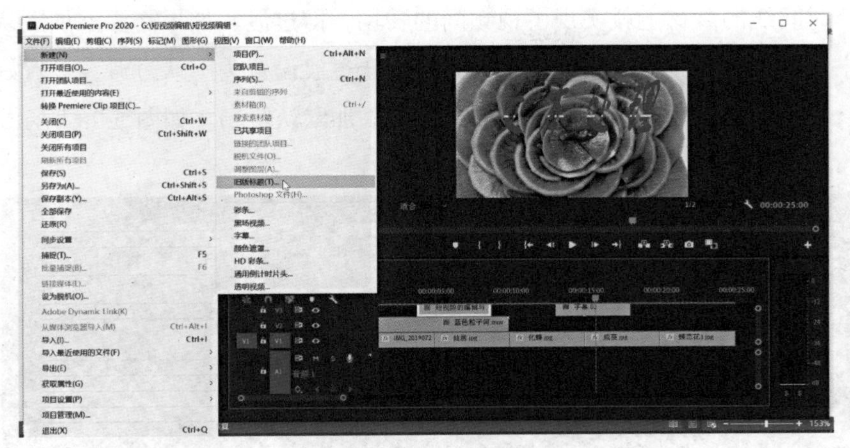

图 5-26 选择“旧版标题”

方法3：开放式字幕

这种方法比较适合用来制作电影或电视剧字幕，点击上方菜单【文件】【新建】【字幕】，注意在弹出窗口【标准】选项中要选择【开放式字幕】，否则会无法显示。

字幕创建后会默认放在素材列表栏中，需要使用时直接拖动至时间线上即可；双击项目面板中的【开放式字幕】可进行字幕编辑；左上角的【效果控件】可对字幕进行相关调整。如图5-27所示。

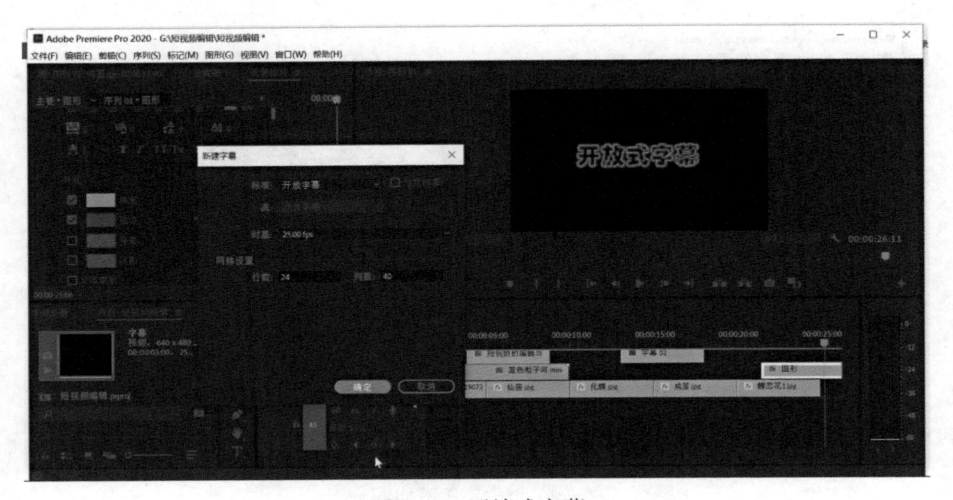

图 5-27 开放式字幕

3. 给视频加转场

项目面板中的【效果】窗口搜索【视频过渡】，找到需要的效果后，将效果拖动至时间线的素材上就实现了视频间的转场，即过渡。如果需要添加默认的过渡效果，可以右击其中的某个效果，并将所选过渡设置为默认过渡，设置好默认效果后，右击时间线上的素材交界处可直接添加默认转场。如图 5-28 所示。

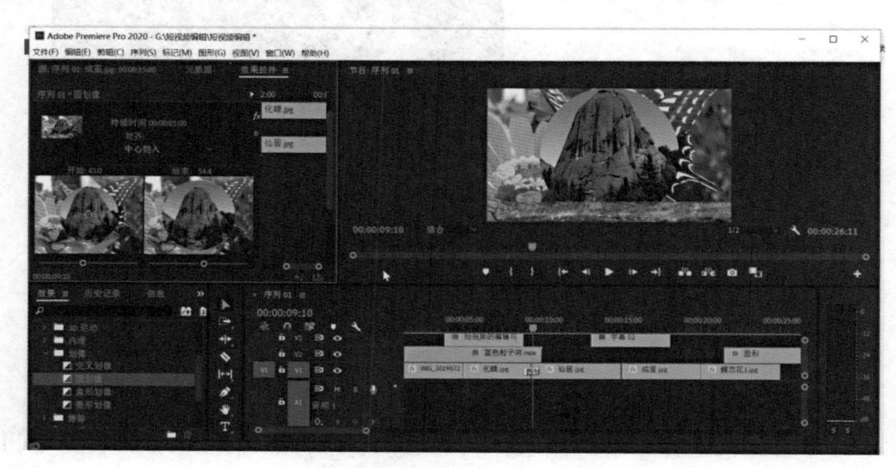

图 5-28　添加转场

4. 给字幕添加图形

Premiere CC 2018 升级后可以给字幕添加图形，单击菜单【窗口】【基本图形】调出相应窗口，与 Adobe After Effects 配合就可以给字幕添加图形。如图 5-29 所示。

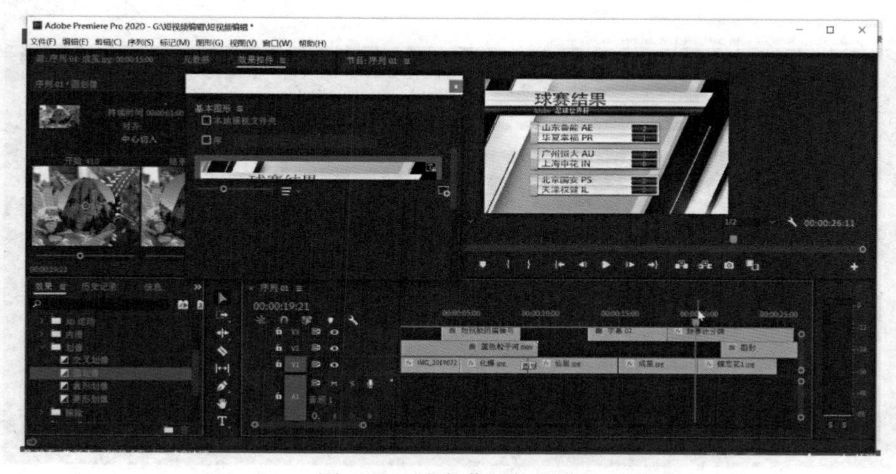

图 5-29　给字幕添加图形

5. 改变素材的播放速度

（1）改变整段素材的播放速度

右击时间线上的素材片段，选择【速度 / 持续时间】在弹出的窗口中即可调整素材播放的速度。播放速度的改变只需要改变【速度】值，速度的值大于100% 为快播，小于 100% 为慢播。选择倒放速度可以倒放，也可以输入负值实现倒放效果。如图 5-30 所示。

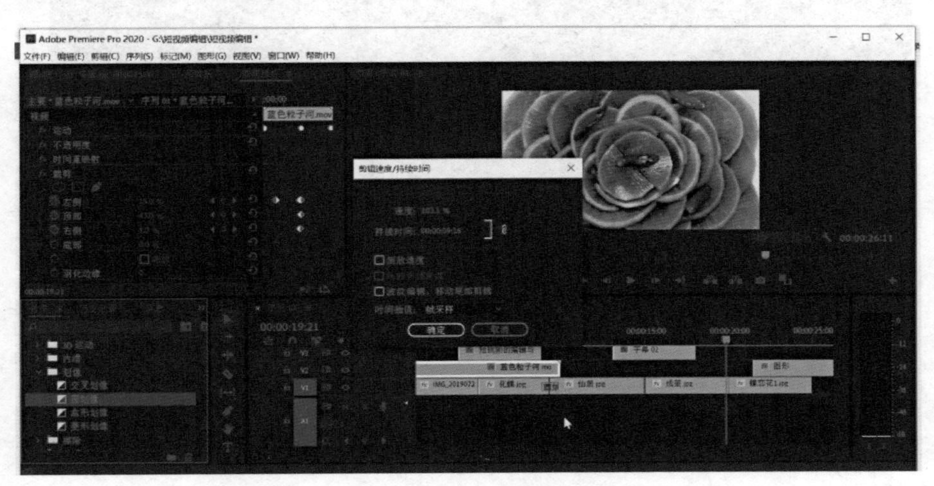

图 5-30　调整播放速度

（2）改变素材局部播放速度

单击上方菜单栏【窗口】/【效果控件】可调出效果控件。利用【效果控件】中的【时间重映射】功能对视频进行升格处理。方法是：右击时间线上的素材【显示剪辑关键帧】【时间重映射】【速度】；用【钢笔工具】为素材片段加关键帧（上下拖动时间线右侧的小圆圈可调整时间线宽度）；向下拖动时间线上关键帧范围，即可修改关键帧范围内素材的速度。如图 5-31 所示。

6. 对视频画面进行调色

在项目面板【效果】中搜索【颜色校正】，然后将其中的【Lumetri 颜色】拖动至时间线上，在【效果控件】窗口会出现相应调整参数，可以实现画面色彩的调整。

单击菜单栏【窗口】【Lumetri 颜色】【基本校正】，在【输入 LUT】中选择相应 LUT 文件可实现快速调色。

LUT 是 Look Up Table 的缩写，意为“查找表”。其本质就是把一种颜色效果转化为另一种颜色效果（或者是灰度值转化为另一个灰度值），从而实现快速调色的目的。

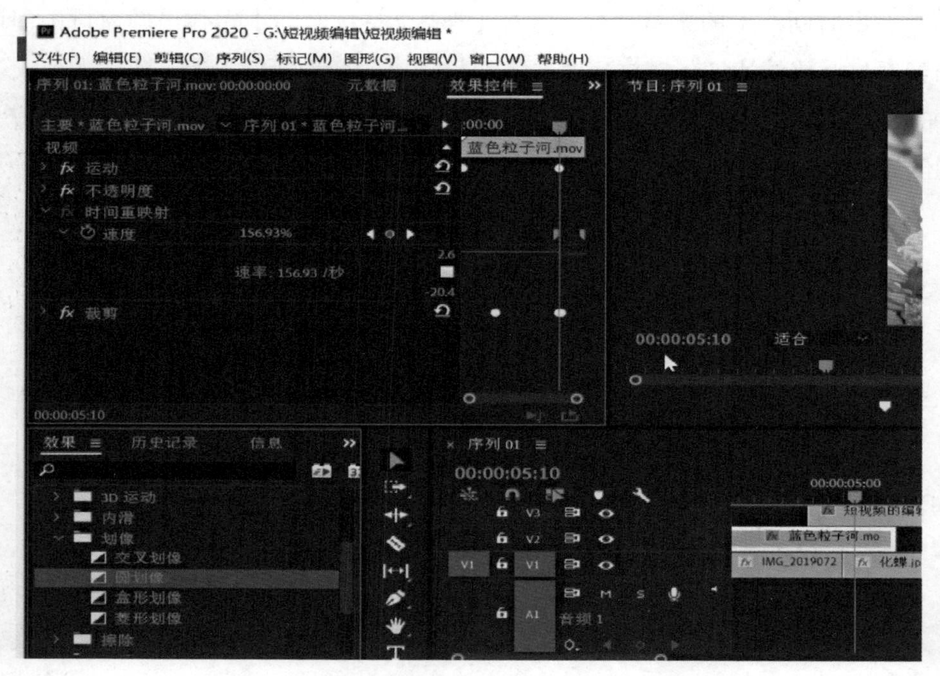

图 5-31　改变局部播放速度

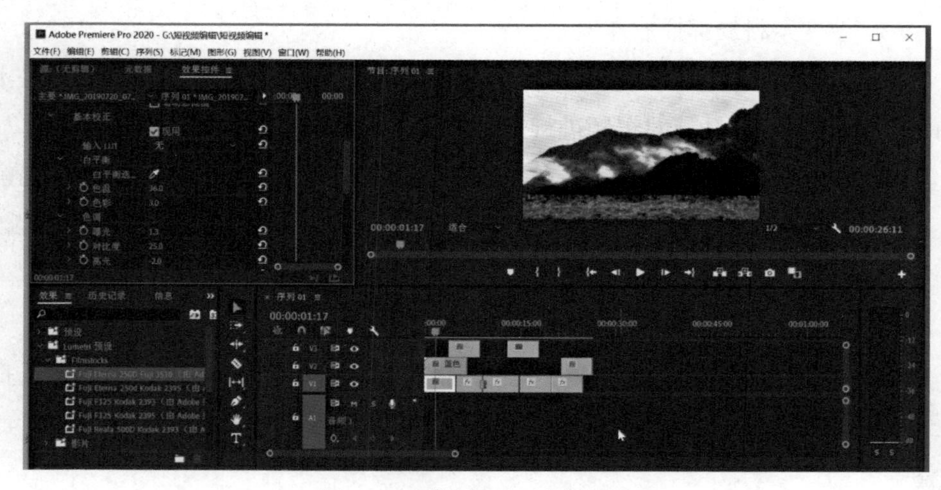

图 5-32　对视频画面进行调色

LUT 从用途上可以分为三种：

校准（Calibration LUT）：主要用于色彩管理中硬件和显示设备校准；

技术（Technical LUT）：多用于不同色彩空间不同特性曲线下的转换；

风格（Creative LUT /Looks LUT）：为实现某种特定风格而制作的LUT，摄影指导在前期拍摄中制作并可现场预览的LUT。

现在流行的×××千种胶片LUT预设，就是第三种类型的风格LUT。这种预设简单，可以直接套用婚礼、低成本广告、庆典等。电影工业级调色流程对规格掌控要求非常严格，限定规范是为了更好的效果，所以无论是摄影机输出、监看、后期调色，都需要有套入LUT文件整理规范。

当然LUT也是分种类的。有1D LUT和3D LUT的分别。1D LUT只能控制Gamma值、RGB平衡（灰阶）和白场，而3D LUT能以全立体色彩空间的控制方式影响色相、饱和度、亮度等。

7. 给静态的画面添加运动效果

把静态的画面变成动态的方法主要是通过关键帧实现的，在 PR 的特效控制台中，设置不同位置上的参数形成路径，就可以实现静态画面的运动效果。

选中时间线上镜头画面，打开源面板下的【特技控制台】，设置【位置】【缩放】【旋转】等参数。

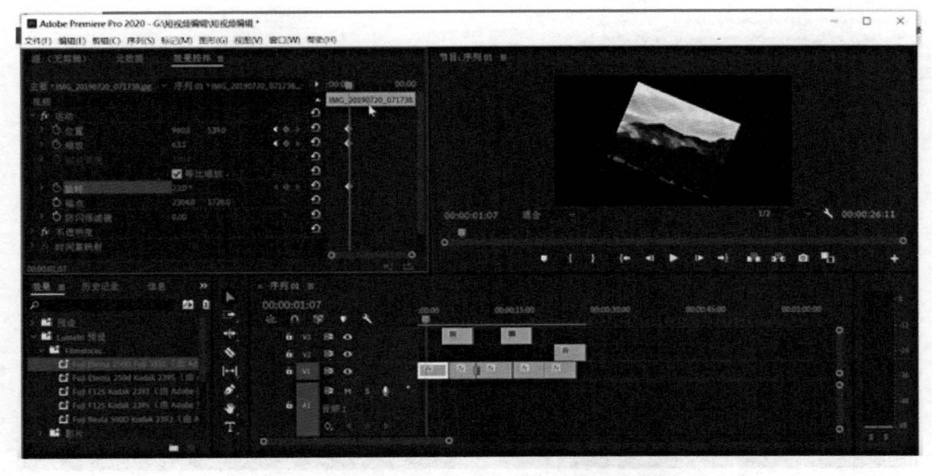

图 5-33 设置“位置”“缩放”“旋转”等参数

位置参数分别代表画面的横坐标和纵坐标，横坐标的数值越小，画面中心点的位置越靠近屏幕的左侧，数值越大，画面中心点的位置越靠近屏幕的右侧。

进行画面的放大与缩小时，如果需要画面等比例放大与缩小，则需要选定【等比缩放】；如果需要画面不等比例放大与缩小，则不能选定【等比缩放】。

进行画面旋转设置时，数值为正值，画面顺时针旋转；数值负值时，画面逆时针旋转。如果需要旋转超过360° 时，可以在数值的前面输入×，代表旋转的圈数。

必要时还可以设定锚点，PR 默认的锚点是显示器的中心。由于锚点是显示器的中心，在 PR 效果控件中修改锚点，要使修改后的锚点仍在显示器中心，只有移动坐标轴使得视频节目显示器中心的坐标符合所定义的值。

必要时也可以设定防闪烁滤镜，防闪烁滤镜的设置只需要改变参数值即可。

设置好了静态画面的运动起点关键帧后，拖动播放头在需要的位置，利用同样的方法设置需要变化的下一个关键帧，反复设定关键帧的参数就可以让静态的画面动起来了。

打关键帧的方法在 PR 节目制作中应用广泛，也极其实用，各种效果的处理都可以通过设置关键帧的方法实现。

8. 在视频中添加马赛克效果

需要先创建一个调整图层（一个空的图层）。如果只是要对部分区域使用马赛克，可在【效果控件】窗口添加蒙板。如图 5-34 所示。

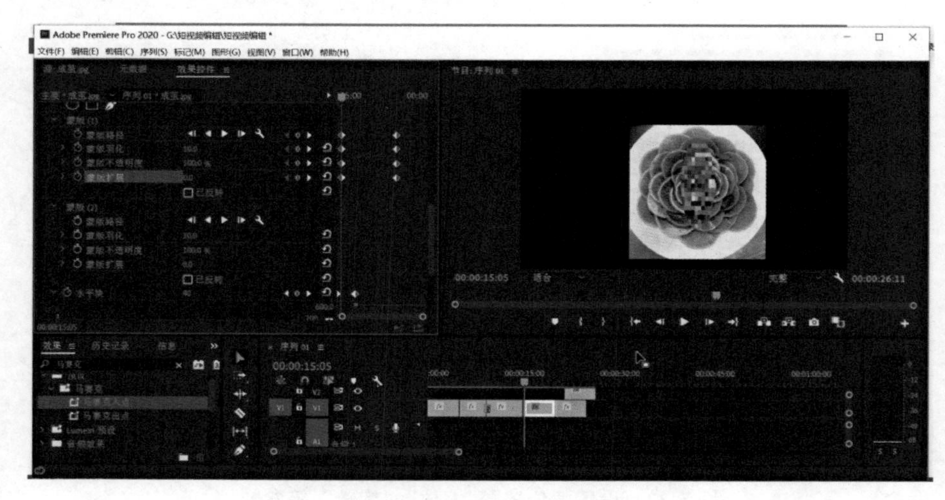

图 5-34　添加马赛克

在项目面板【效果】中搜“马赛克”，找到风格化中的马赛克，然后拖动到该视频轨上，在效果控件中找到马赛克，然后在视频预览窗口框出需要添加马赛克的位置，接着对马赛克进行水平与垂直上的调整即可。

（四）音频的采集及编辑

1. 使用 PR 录制配音

（1）首先选中视频区域，单击左上角的【音轨混合器】，进入录音界面；

（2）选择相应的音轨，转动旋钮选择适当的音量电平；单击【R】图标，用于“启用轨道以进行录制”，单击圆形的红圈使之处于待命状态；

（3）单击音轨混合器下方的【播放】图标即可开始录音，可以看到右侧预览区域红色显示“正在录制”；

（4）单击音轨混合器下方的【停止】图标，可以停止录音；

（5）录制完成后，可以右击时间轴上新录制的音频区域，在弹出的窗口中，单击【音频增益】，调节录音音量大小；必要时启动Adobe Audition进行降噪、均衡等修整；

（6）录制完成后可以另存配音音频文件，以备不同的需要。如图5-35所示。

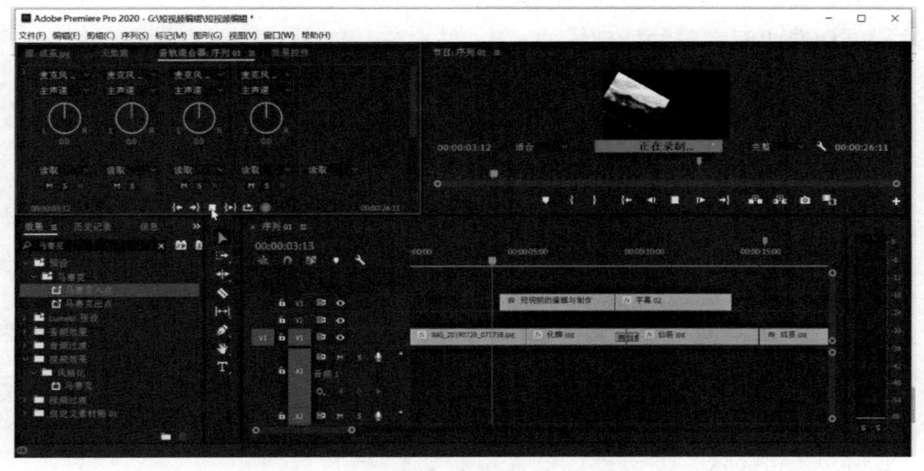

图 5-35　录制配音

2. 音频编辑

（1）音频的电平编辑

使用【钢笔工具】在音频电平需要调整的地方打上若干标记点，调整每个标记点的位置高低就可以调整电平的高低（直观的感觉就是改变了音量的大小），平衡背景音乐、解说词、对白音效等之间的关系，完成了音频电平的编辑。如图 5-36 所示。

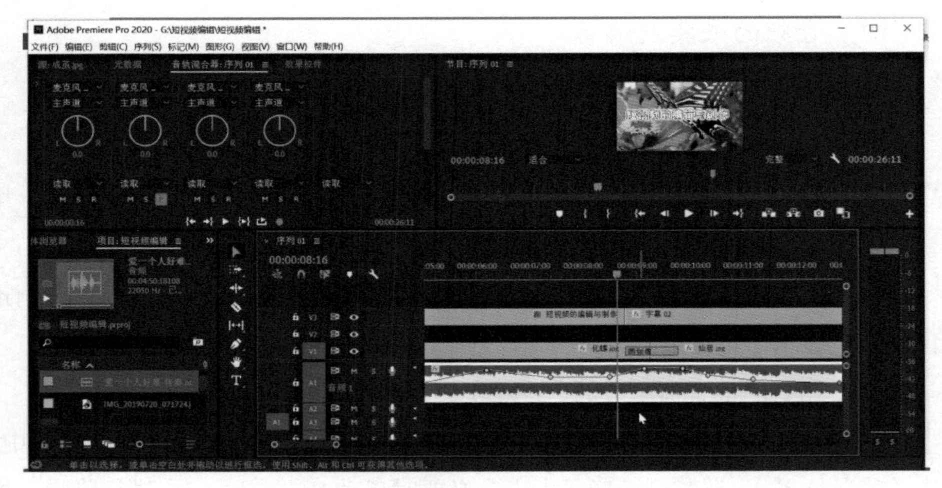

图 5-36　音频的电平编辑

（2）音频的效果处理

音频的效果处理一般不在 PR 上完成，可以使用 Adobe Audition 对声音的效果进行更加专业而完美的处理。

（五）短视频的导出

在时间线面板上完成的短视频，在还没有导出之前，不是统一的整体，还不能在不同场合或软件上播出，需要打包导出后才能满足播出的需要。

短视频的导出，有以下步骤。

第一，依次单击菜单【文件】【导出】【媒体】【导出】即可。导出前需要仔细核对各个参数及设置。

典型的序列设置：

格式：如果要导出 mp4 格式，选择 H.264；

帧率：25 fps；

帧大小：1 920 × 1 080；

预设：匹配源 _ 高比特率；

输出名称：修改文件名称及储存位置；

源范围：工作范围。

第二，先在时间线上任何地方单击一下，缺少这一步将无法导出视频。然后选择【文件】【导出】【媒体】，这时候会弹出一个对话框，根据需要选择不同的格式。视频格式实质是视频编码方式，可以分为适合本地播放的本地影像视频和适合在网络中播放的网络流媒体影像视频两大类。常见的视频文件格式有：AVI、WMV、MPEG、MP4、M4V、MOV、ASF、FLV、F4V、RMVB、RM、3GP、VOB等。值得注意的是每一种格式都具有优缺点，要么文件太大，要么视频不清晰，需要按照需要进行选择。

第三，对比源素材与输出文件的参数。例如帧的大小（宽高比例），如果输出宽高大小比源宽高大小要大，视频边缘就会出现黑框，在右边预览框中可以看到黑框。比特率值越高，画质越好，但对解码器的要求也越高。

第四，视频参数设置，尽量设置为源素材一样大小；音频参数设置尽量保持音频频率与要求相同。

第五，导出时的源范围应该特别注意，源范围有“整个序列”“序列切入/序列切出”“工作范围”“自定义”四个选项，分别代表不同含义。“整个序列”涵盖了整个序列的全部；“工作范围”则表示导出时序列中的工作范围覆盖；“序列切入/序列切出”表示序列中指定的入点和出点之间的范围；自定义是指自己指定的一段或多段序列。

第六，导出即可。需要注意的是，在剪辑视频时，一定要经常保存和备份，如果做了很多操作没保存的话，一旦软件或者系统出现问题，那将前功尽弃，后悔不及。如图5-37所示。

图 5-37　导出设置

短视频的编辑制作需要熟练掌握影视编辑软件，具备过硬的技术能力，同时还需要在反复的练习中提高各项素质和修养。短视频的后期制作是艺术性与技术性的有机结合，也是对后期制作者文学艺术与视听艺术涵养的整体考查，更是对后期制作者思想思考及动手能力的全面考验，需要把握整体，驾驭全局，多样组合，统筹安排，才能编制出既具有思想高度也具有艺术价值，同时又是大众喜闻乐见的视听作品。

第六章 短视频运营

一位作家曾说："在自己擅长的领域深入下去不断磨炼、挑战：谁都有一两件擅长的事情。找出它们吧。深入学习和练习，使之更为精湛。为了变得更为擅长而去挑战吧，这样才能培养出'个人专长'。"

做视频号运营时，也需要像这位作家所说的一样，锁定自己擅长的领域，去深入挖掘其中的优质内容。

第一节　前期运营

在短视频运营中，选择比努力更重要。有的人每天都在更新视频内容，所获得的点击量却始终寥寥无几。有的人视频内容更新断断续续，却依然有众多粉丝守候等待。做好短视频运营，勤勉努力固然重要，但更为重要的是前期运营。

一、账号人格化

（一）账号人格化的意义

1. 有利于商业转化

在互联网互动越来越扁平化的现在，大众对视频账号的要求也渐渐更加人性化。在很多人看来，视频账号不应该是一个机械化的沟通工具，而应是一个“有趣、有料、有品”的“伙伴”。人格化的账号能让观看者觉得自己面对的不是虚无的网络世界，而是一个温暖、有感情、彼此未见过的朋友。因此，在短视频运营前期，应该着力将短视频账号向人格化的方向打造。同时，一个人格化的账号会使短视频账号盈利更容易。普通人在消费的时候都会参考朋友和熟悉的身边人的意见，因为信任他们，他们推荐的商品大多数人会放心购买。人格化的视频账号更容易获得收益，因为平台用户已经把该账号当成了朋友。

此外，随着消费水平提高，面对琳琅满目的商品，大多数人并不知道要买什么，如何购买。因此，更需要参考所信任的人的意见，这亦是现今大量的 UP 主、博主、网红做电商获得成功的重要原因。

2. 人格化的视频账号还会给受众带来更愉悦的观看体验

人格化的视频账号内容，在表达上更有亲和力，容易拉近与受众的距离，内容风格也更有特点、趣味十足，这样的内容更易让受众有代入感，观看体验会更好。

3. 有利于增加关注量

想要受众喜欢上一个平台也许需要很久，但青睐一个人可能 3 分钟足以，受众对人的认识从某种角度来说要大于对视频内容的认可。

4. 使账号更有辨识度

现今，我们进入了全媒体的时代，视频账号数不胜数，这使账号内容同质化的现象非常严重，但人格化的内容能够让你的账号和其他账号的内容区别开来、更快让平台用户记住你。

（二）账号人格化运营的技巧

1. 拟定一个个性的账号名称

一个个性的账号名称是人格化运营的第一步，这个名称要好听、接地气、符合账号特点。例如同为旅游类视频账号，“××远方旅行”“××大漠的旅行”充满了辽阔、舒朗的气质；“不二××”“游走××”从名称来看就会让观看者觉得视频内容具有指向与独特性；而“旅行达人××”“××旅行记”则有着日记与成长记录的感觉。拟定一个个性的账号名称只是第一步，取完名字后，条件允许的话，可以找一位设计师为账号设计一个IP形象。

2. 给账号进行人格化设定

有名称还不够，第二步是根据账号格调做一个人格化的设定，包括了账号的性别倾向，如果是女性向，那么账号要更偏向柔软、感性、视觉呈现要更加华丽；如果是男性向，内容需要表达上更理性等。还有账号的年龄阶段、账号的价值观、有着怎样的好恶、口头禅甚至标志性肢体语言等。当我们把这些设定都添加到自己的账号上，这个账号就有了自己的性格和调性。例如某账号，这个账号的人格化形象为热血、痴迷电影、阅片时间长观影量大、男、35岁，虽然喜欢幽默调侃，但对电影的解说与分析不乏专业、直率，是有话不吐不快的性格。

（1）账号内容人格化

账号内容的人格化表达首先要做到“说人话”，“说人话”的意思是视频呈现的内容风格要像与朋友倾诉心声那样，要做到表达人格化，在内容构思上就要注意，在写文案的每句话、选择每张背景图时都想象自己对面坐着自己的朋友，而你选择的素材就是你想对他倾吐的话。

（2）评论回复人格化

回复评论是账号人格化运营必不可少的手段。很多视频账号在回复评论时太过于机械化，有的账号直接不回复，有的账号则是自动回复，这都是典型的非人格化操作。在做视频账号运营的时候不但要多回复评论，更要引导观看者评论，要尽量展现自己的风格。

视频账号要进行人格化运营就要注意，“人”是需要交流的，且只有与他人交流才能更好地生存与发展，因此，在你的观看者留言时要积极回复，活跃气氛，当然，留言过多可以精选留言进行置顶并回复，这会提高他们的参与感，交流日渐频繁了，用户就会把你当成自己的朋友。

视频账号人格化运营案例：东鹏特饮

东鹏特饮以与目标用户群体有效沟通，向其传递东鹏特饮“年轻就要醒着拼”的品牌精神，提升用户的品牌忠诚度为目标，通过为视频号打造“人设”、打造爆款短视频、不断优化内容进行账号人格化运营。

第一个阶段：拟定账号“人设”。

东鹏特饮账号运营的基础是赋予品牌明确的人格化形象和充满活力的品牌个性，并在视频制作风格上与品牌“人设”要求保持一致。为了精准掌握用户特点，东鹏特饮对用户进行了调查：东鹏特饮的消费者50%以上为男性，所处区域多在沿海省份，年龄集中在18~25岁这个区间，偏好运动，喜欢打游戏。

东鹏特饮利用数据网站中的数据分析功能，分析了其目标用户群体经常关注的账号类型，发现他们更青睐“搞笑段子”类视频账号与以情侣剧情内容为主的账号，并由此确立了视频号运营的内容架构，即情侣或同事之间的搞笑情景剧。为了让视频号的人格形象更加清晰，东鹏特饮打造了“鹏哥”这一IP形象。“鹏哥”虽然是不真实人物，但在做“人设”时，东鹏特饮从职业、兴趣爱好、外表等方面进行了详细的设定：“鹏哥”是东鹏特饮的基层员工，广东人，平时喜欢踢足球、玩网游；外表比较呆萌，但内心时而“狂野”，对生活和工作充满了热情，对家庭责任心很强，但因为心爱的足球，也偶尔会犯小错误。

第二个阶段：打造爆款短视频进而“涨粉”。

在确立了视频号人格化IP形象之后，东鹏特饮不断搜集短视频平台内的热门话题，为内容创作积累素材。与此同时，东鹏特饮还结合各大短视频平台上的高流量视频、受欢迎的背景音乐和大热技术玩法进行分析，将其目标用户的关注点与视频平台上的热点相结合，并以此为基础，创作了近10条观看数量超过50万的热门短视频，一时之间粉丝数量急速增加。而且，因为打造了“鹏哥”这一IP形象，东鹏特饮不需要在视频内容中进行过多的产品植入，在不影响用户观看体验的情况下自然而然地实现了品牌价值传递，因为“鹏哥”就是东鹏特饮的代表。

第三个阶段：优化内容。

东鹏特饮视频账号每发布一条短视频，都会十分注意视频数据走向，查看并统计短视频的用户评论、分析关键词和用户的内容偏好，并以此为基础优化后续的视频创意，不断丰富视频内容。另外，东鹏特饮还全面追踪、寻找视频数据的峰值时间，进而优化短视频的发布时间、调整内容互动形势、宣传物料投放策略，以取得最佳的宣传效果。

二、内容栏目化运营

在阅读碎片化的现在，视频账号获得平台用户的青睐，就是在进行注意力的争夺战。微信创始人说过一句话“好的产品是让人用完即走”，这句话的意思是好的工具应该高效率达成用户的目的，然后让用户离开。应用到视频运营上，尤其是短视频，我们要看中每一个视频的“工具价值”，想办法让平台用户在最短的时间内尽可能获取对自己有价值的信息。而要做到这一点，最大的问题是：由于素材获取、创意生成等原因，单一内容的视频账号逐渐减少，很多账号定位逐渐变得复杂，不再注重垂直细分。这大大增加了平台用户筛选适合自己内容的难度，会导致账号内容打开率越来越低，粉丝忠诚度降低，“取关”率提高。

想要解决这个问题，就要将账号内容进行栏目化运营。栏目化运营的意思是将视频内容梳理为几个类别，并为每个类别取一个栏目名称，并将每个栏目视频更新的时间尽量固定化。

视频内容栏目化运营有便于运营者整理内容、明确定位，方便视频内容后期管理，便于平台用户查询等优势。

（一）便于运营者整理内容、明确定位

在第三章我们提到每个视频账号都要有自己的定位，但是在运营过程中，我们会受到“关注度的诱惑”，进而选择一些偏离定位，甚至与账号定位背道而驰的选题，例如做宠物的视频账号忽然做了一期最近大热的明星的内容、做美妆的账号插入一期网红食品吃播等，这是新手常常会犯的错误。为视频账号做栏目化运营的过程，亦是对视频内容进行重新梳理、进一步明确账号定位的过程。每一个栏目的内容针对平台用户一定范围内不同的需求点，集中解决用户的一个痛点，或满足他们的个性化需求。将视频内容栏目化分类，就是将账号定位做得更

精准规范；在做视频选题时也会更有针对性，会提高选题质量与选题效率。

（二）方便账号的后期内容管理

账号在选题的过程中，由于题材选择、平台用户反馈等原因，我们常常会遇到需要将自己的历史内容进行翻新，或是将过去的视频进行专题内容整合等情况，这不但能最大化提升内容的利用价值，还能激发视频“老粉丝”的怀旧感。因此，对视频内容进行栏目化分类，会使杂乱的内容条理化，大大节省我们的时间成本。

（三）降低平台用户的查询、选择成本

现在有很多视频账号一周会更新两到三次，每次推送会覆盖之前的内容，而大多数平台用户不是每次都准点等待更新的，这样下来，视频越来越多，时效性很强的内容，一旦错过了时间点，内容就不具有价值了，但也有不少内容价值是长期性的，适合反复观看，因此栏目化分类会精简平台用户内容选择时间。同时，即使是视频账号的“忠实粉丝”在很多情况下也只希望看到对自己有价值的视频。视频细分类型不同的话，如果不进行栏目化分类，平台用户就只能凭借视频标题一个个进行筛选，这也会影响账号的长远发展。

第二节　用户运营

什么是“用户运营”？从广义来说，我们围绕平台用户展开的人工干预都可以被称为用户运营。用户运营的目标主要包括平台用户拉新、留存、促活、转化四个部分。简单来说，就是如何“涨粉”、留住粉丝、使粉丝保持活跃与激发粉丝购买。

短视频账号运营最直接的目的就是获得更多忠实用户，为了实现这个目标，无数账号经营者利用抽奖、增加趣味性内容、紧跟热点事件等方法，上下求索、煞费苦心，但收效甚微。视频账号“涨粉”难在摸清楚平台用户的喜好，从用户的角度出发，能做到这一点再配合适当的技巧，就可以完成粉丝数量从 0 到 1，而后不断上涨的目标了。

一、找到第一批用户

新建立的账号，可能只有十几个粉丝，甚至粉丝也仅是自己的亲人、朋友，急于增长自己的粉丝数量、扩大粉丝范围，当然也有很多人计划建立一个视频账号，只是有了做短视频账号的计划，也迫切想知道怎样吸引人关注自己的账号。一般情况下新账号涨粉有以下几个办法：已有视频账号的推广，视频内容选题迎合时下的热点、焦点话题，借助好友、社交群和朋友圈等方式进行推广，通过KOL进行付费推广，视频账号简介引导新用户关注，添加位置、定位，在视频中加入口播引导平台用户关注等。

（一）用旧账号带动新账号涨粉

这个方法适合账号运营者已经有至少一个视频账号，然后要开创一个新的账号的情况。

以旧账号带动新账号是账号涨粉最有效的方式之一，即通过已拥有一定粉丝基础的视频账号协助新账号推广，把粉丝引流到自己的新账号。

（二）视频内容选题迎合时下的热点、焦点话题

视频内容选题迎合时下的热点、焦点话题。“蹭热点”可以有效节约新账号的运营成本，同时能极大提高视频内容成为爆款的概率。尤其是在视频进行选题时，应该多注意平台官方推出的热点内容，在选题上优先倾向这些话题，借助平台算法与推荐机制，完成平台用户数量的原始积累。关键在于首先注意热点时间，视频制作速度要快，有些热点，例如娱乐新闻，它能在极短的时间内“火爆”全网，但沉寂的速度也非常快，新的热点会将其“淹没”，所以要借助热点涨粉，就必须在其“保鲜期”内制作、发布视频。其次，要注意活跃气氛，延长视频的生命周期。热点事件之所以“热”，原因在于讨论的人数多、声音大，因此，借助热点进行视频内容制作要注意评论区的活跃程度，要利用评论回复、置顶等手段维持活跃度，提高视频转发量。再次，要会选取角度、优化热点。“蹭热点”不能人云亦云，做复读机、“八哥鸟”，要注意如何优化热点，将内容做出深度，这样才易于打造账号品牌价值。最后，注意短视频时长的把握。但此种方法切不可盲目，更不可违背公序良俗，甚至违法。

例如奥运会作为体育赛事的顶级赛事，拥有无数粉丝，可延展的内容从体育到经济、政治、文化、社会等多个方面，本就是极具价值的重大媒介事件。因此，在奥运会开幕前，已经有很多话题了。例如冬奥会开幕前，奥运会开幕式、冬奥会受关注的各国体育健儿、赛事预测等内容都受到了极大关注。但如何在众多账号中脱颖而出，在同质化内容非常多，话题更新很快的情况下让平台用户感觉耳目一新，抢占注意力，吸引关注仍然是一大难题。

有人对围绕冬奥会的短视频做了分析，发现相比于奥运会相关的城市人文这一类话题，视频发布者对奥运会各要素进行解读的短视频更容易引起平台用户的注意，引发互动评论。同时，与奥运会官方媒体重合的话题，因为重复性过高很难引起平台用户的关注。在视频时长方面，因为短视频用户群体习惯于在极短时间内获得信息及娱乐，同时不断切换内容，因此，视频时长较短，在 10 秒到 60 秒之间的视频更容易被点击，而时长超过 70 秒的视频则不太受青睐。

（三）借助好友、社交群和朋友圈等方式进行推广

一定要善于利用好友、各种社交群、朋友圈等为自己的账号进行推广，现今，每个人都是网络社交的节点，都能在这个节点将你的信息呈“网状”传播出去。通过好友、社交群、朋友圈推广，账号吸引的平台用户可能会比较少，不能做到高效涨粉，但积少成多，且这种方法属于没有成本的账号推广。

（四）通过 KOL 进行付费推广

可以在资金允许的情况下，寻找一些有粉丝基础的视频账号、公众号、微博账号等为自己推广，这也是常见的拉新的方法，简单但比较有效。

（五）视频账号简介引导关注

在视频账号简介文案中突出账号的独特性，写明你的账号中有哪些有价值的内容，引导受众去思考关注账号所能获取的价值，例如：某抖音账号简介为“招牌菜在家吃！最简单易学的方法，教会你做美食！”另一位账号简介为“畅销书作家、《百家讲坛》主讲嘉宾、擅长用接地气的方式讲透经济宏观趋势，帮你抓住个人小机遇”，一位旅游博主的账号简介为“飞到远方，以另一个角度看世界！”只有账号给到受众足够关注的理由，才有可能在第一时间留住平台用户。也可以

在简介里写明账号的更新频率，提醒用户关注。

（六）添加位置、定位

添加定位信息后，平台会优先推荐给地理位置相近的平台用户，更容易获得定向曝光。同时，地域性标签能直接简单地告知用户具体位置信息，对于本地商家视频号、地标（地点）打卡类本地网络红人的视频号来说非常重要，能吸引更精准的新用户。

（七）在视频中加入口播引导用户关注

在制作视频时可以在视频内容当中加入口播引导用户关注。例如“点击关注，你可以获关于 ×××× 更多、更有用的信息”等，也可以在视频里向用户提出一些问题，让用户通过弹幕进行回答，选取关注者的弹幕进行抽奖，通过这种方式跟用户进行有效沟通，这也是非常直接的引导关注的方法。

（八）用视频标题、首图、描述引导平台用户关注

每一个视频的展示都是引导平台用户关注账号的机会，例如视频描述，需要描述文案紧贴视频内容传达的主题、重点和视频风格，增加新用户点击观看的欲望与对视频账号的好感，进而引导平台用户关注账号。优质的视频描述的作用不亚于一个好的视频标题，有助于用户转发视频内容，吸引更多的人关注账号。例如某纪录视频描述是这样写的：“6 年跟拍 3 个孩子”；某美食视频的简介是“花 3 小时，穿 500 根串，再调碗‘蘸鞋底都好吃’的万能蘸料，我可以下楼摆摊了”。

二、保持粉丝活跃

有了第一批粉丝后，运营者要想办法让老粉丝留下来，进而还要带动新粉丝的增长，要完成这个目标需要做到：保持高更新频率、高质量的粉丝互动、热度话题等。当然，在第一个阶段吸引平台用户采用的方法可以持续使用。

（一）保持高频率更新

现如今是一个信息大爆炸的时代，各种新鲜事物层出不穷，如果视频账号长时间不更新或是更新时间过长，很容易被遗忘。所以视频更新频率最好间隔 3

天，最长不超过一周，想要最大程度提升平台用户活跃度、吸引新的粉丝关注可以考虑每日一更。提高更新频率的作用具体有以下几点。

1. 给予暗示，激发渴求

短视频账号保持高更新频率，相当于给了平台用户一个暗示，尤其是更新时间比较固定的账户，就像设了一个闹钟，一到更新时间，用户脑海中关于账号更新的记忆就会被激活。当用户觉得无聊或者有足够的闲暇时间时，就会点开视频账号，寻找自己想看的内容，渐渐，视频账号就会与用户打发时间的行为画上等号，提升了用户对新视频内容的期待感，便于养成用户定时观看账号更新的习惯。

提高账号更新频率，给予平台用户暗示的同时，还要注意提升用户对账号的精神依赖。视频平台上同类型的短视频账号有很多，想要长期保留老用户，吸引新用户，保持用户的活跃度，视频内容必须足够有创意。

2. 合理安排视频更新时间

只是激发平台用户对账号新内容的渴求对于用户养成观看习惯是远远不够的，短视频团队还得保证用户有足够的条件去形成自己的习惯，例如恰当的更新时间，假如视频账号的主要用户群体是白领或者工薪族，而视频更新的时间是每天上午 10 点，当用户收到更新信息提示时很可能忙于工作，无暇分神去看视频，等到目标用户工作完成，有时间观看时，有可能因为相隔时间太长，将账号更新的信息忘于脑后了。

因此短视频账号内容更新的时间最好考虑目标用户的情况，选择在用户有闲暇时间时发布视频（当然平台不同，还要考虑平台审核时间），例如，下班后或晚饭后。这样相当于为用户制造了方便观看视频的条件，对于养成用户定时观看视频账号更新有很大的帮助。

（二）高质量的粉丝互动

1. 高质量的评论回复

在视频账号刚起步，粉丝数量非常少的时候，尽量做到每一条评论都一一回复，但当账号渐渐积累了一定的粉丝量，评论区也较为活跃时，回评就要把握好“量”和“质”，且回评的质量更加重要。前面我们提到了回复评论的意义，尤其是它在提升平台用户参与感方面的作用，但当评论较多时，一一进行回评会浪费不少时间，也很容易出现重复性的回复，会让用户感觉账号的回评非常敷衍、单调，因此，在这个时期，账号需要进行有选择性、高质量的回评工作。例如某视频平台上的某账号存在了十年以上，发布了成千上万条视频，视频加起来有10亿多浏览量，坐拥粉丝百万。她的视频主要以教化妆为主，现今她已经有了以自己名字命名的产品，并且和该视频平台合作并取得了不错的成果。账号成功的原因除了具有创意的内容外，就是账号和用户之间建立起了牢不可破的信任关系。在这个账号发展的前两年，那时创作者本身还没有多少粉丝，寂寂无闻，她把一半的时间用来创作内容，另一半的时间全部用来互动。互动时间从每天晚上十点到凌晨两三点，从未停止。而且，在最开始，她回复的人很多不是她的铁杆粉丝，他们只是对视频内容或者对创作者本身好奇，因此写留言、发帖子、写博客。她花了不少时间去回答这些问题，经常跟他们讨论视频内容、交流意见，渐渐形成了自己的社区。在粉丝逐渐增多后，她花大量时间对评论进行筛选，并渐渐有了自己的标准：评论有实质性内容、重点清晰、话题大众、表达了急需解决问题的意向或是被某些问题困扰了很久等，并对这些内容一一进行回复。

在该视频平台上活跃了十年之久，该创作者已经成了所在领域中一个值得信任的极具影响力人物。这种信任是与粉丝高效互动带来的，且这种信任也会为账号日后的每个机遇都奠定基础。

2. 让平台用户生产内容

随着第一批“00后”进入社会，宣告了传媒消费人群的再一次更新。新一代的人群成长于碎片化的互联网时代，意味着平台用户喜好更迭更快，兴趣倾向更加难以捉摸，因此，视频账号可以将舞台暂时“借”给平台用户，引导他们自发生产内容。而看到自己策划的话题以视频形势展现出来或形成成果，毫无疑问会大大提升用户的热情。短视频账号可以先拟定一个主题或直接向平台用户征集主题，发出征集信息，有兴趣的用户有很大可能参与其中，与视频账号进行良好的互动。2021年康师傅绿茶通过品牌冠名的方式与公益类节目《向你致敬》合作，向各行各业的时代英雄致敬。与此同时，康师傅绿茶在抖音上发起了“活力少年向您致敬”全民话题，由四位明星组成了“康师傅绿茶活力少年明星团”并作为了话题发起人，在抖音上发表了致敬视频。为了让话题能够触达各个圈层，康师傅绿茶还联动不同领域的抖音KOL，结合自己的账号风格拍摄相关创意短视频，从不同角度演绎活动主题。在活力少年明星团与抖音KOL的带动下，不少平台用户积极响应，通过拍摄明星同款等各种创意方式为活动持续引流，保持了账号的活跃度。

3. 发放视频福利，提升用户热情

发放福利是吸引、巩固视频用户的一种很好的方法，虽然在账号运营前期需要一定的资金支持，但是发放福利可以在短期内获取大量新的用户，还能够留住对视频内容热情减退的老用户。发放福利不能毫无选择盲目发散礼品，也有不同的方法，可以针对用户、视频平台的特点来进行发放。例如在微博上发布的短视频可以采用转发抽奖的形式。微博转发是很好的信息扩散方式，一个用户转发了账号的短视频抽奖微博意味着关注这个用户的全部“粉丝”都有机会看到，还会引发二级、三级转发，大大增加了短视频与视频账号的曝光度，同时增加了将这些人的“粉丝”转化成视频账号用户的概率。一些常驻微博的短视频博主就经常会进行抽奖活动，急速积累人气的同时还获得了好的口碑。

这种通过发放小福利吸引用户的方式，是利用了代表性启发思维。代表性启发思维指的是人在做出行动的时候，会思考之前曾经有过的相同或者相似的经验。现在平台抽奖活动越来越多，用户的周围总会有一些中奖的，这会为用户带来“我也能中奖”或是“中奖概率不低”的感觉，因而会对转发抽奖抱有较大的期待，愿意参与到活动中来。如果是只在一个平台发布短视频的账号，可以采取点赞的方式，即选取评论中点赞数最高的几位用户送出礼品。这种方式非常适合美妆类、商品测评类的视频账号。为了能获得这份礼物，用户还会要求朋友、亲人帮忙点赞，会进一步扩大能够转化的用户群体的范围。

（三）热度话题

很多用户制作出来的短视频，有些没有推荐，有些是播放量非常低，反应平平。很大原因是因为视频内容本身缺乏讨论度。视频平台上的高流量视频往往都是高热度、有留白、吸引讨论。此类视频能刺激转发，会引发思考，进而提高视频的热度，吸引更多用户参与其中。

第三节　短视频账号渠道推广

在短视频制作完成后，接下来就要规划短视频的发布工作。在这个阶段，选择在怎样的平台发布非常重要，优质的发布渠道能令短视频快速进入视频营销市场，在最短的时间里吸引更多目标用户，进而获得关注度。

一、调查分析各视频平台的特色

短视频运营的目的是便捷地链接内容产品、短视频发布平台与用户。视频内容生产出来后，需要经过合适的渠道提供给目标对象。例如冰激凌，购买高峰期通常在每年夏天，消费者的购买场景多在人流密集的休闲场景下，因此将冰激凌的销售场地设置在人流量大的游乐园、海滩、便利店，销量会比写字楼好。短视频产品也一样，运营人员首先要进行产品调研、分析用户与市场等，分析短视频本身的属性，找寻最合适的传播渠道，分析目标用户的使用场景，当然也要考虑广告商的需求，而后构建产品、渠道、用户一体化的转化链条。

（一）从产品角度为短视频平台分类

短视频的渠道推广工作要从对各大视频平台进行调研开始，根据调研结果，从中选择与短视频账号的目标用户一致的平台投放，这样才能够在最短时间内将平台用户转变为短视频账号的“粉丝”。

当今的短视频平台可以分为单一性平台与综合性平台两类。单一性平台指以短视频为主的平台，综合性平台的内容更多样，短视频只是平台产品的一部分。这两种平台各有优缺点。单一性平台在社交方面比较弱，但粉丝群体针对性更强，综合平台相对单一性平台社交功能更强，类似于巨大的信息扩散器，同时，因功能的多样化，其忠实“粉丝”群体也更为庞大，如果一则短视频能在综合平台上被认可，转载后视频账号人气增长的速度会比较快。

（二）短视频平台分析

短视频分发平台数量增长快速，单一性平台有抖音、快手等，综合类平台主要有微信、QQ、新浪微博、今日头条、网易等；此外长视频平台也扩展了短视频内容分发功能，如爱奇艺、腾讯视频等。

在各大短视频平台中，抖音用户年龄多为 18~30 岁，更多分布在一、二线城市，用户学历在本科以上较多，视频内容更倾向于新鲜、有趣、时尚，抖音在发展前期引入了 KOL 与明星资源，快速站稳了脚跟。相较于抖音，快手用户年龄多在 25~34 岁，男女用户相对均衡，视频内容多亲和力、接地气。而美拍抓住了用户喜欢分享自己生活的特点，瞄准一、二线城市年轻女性，因为用户针对性较强，美拍集中延伸了超过 300 余个女性用户青睐的内容品类，网罗了上万名来自各界的女性视频达人，这些视频达人在美食、美妆、艺术等领域成了独树一帜的 KOL。

综合类视频平台中覆盖面最广的当属微博。微博作为强社交性渠道，具有信息发布迅速、传播速度快等优势。用户群体如此庞大的平台，如果视频内容有爆点，能获取的播放量是不可估量的。有很多知名短视频创作者，内容创作都是从微博开始的。

单一性平台与综合性平台各有优势，运营团队在短视频发布时可根据视频内容特点及目标用户进行选择，也可以选择单一性平台与综合性平台共同发布。

二、明确各大视频平台的规则

选定短视频发布渠道后，一定要仔细了解这个平台的规则。各视频平台都有以自身特点为基础制定的相应规则。下面以西瓜视频、抖音、微信视频号为例分析各视频平台的规则。

（一）西瓜视频

西瓜视频和今日头条同属一家公司，因而带有新闻资讯的特点，视频类目覆盖面广，包括电视剧、游戏、电影、影视综艺栏目等。西瓜视频的分类中，UGC内容占比很少，其产品还是以PGC为主。相较于抖音、快手等，西瓜视频的产品以中长视频为主。

西瓜视频的开屏页是推荐频道，以新闻、科普、访谈等为主，视频多在 10 分钟左右。因此，在西瓜视频投放视频，视频长度最好较长，内容更有深度为宜。

（二）抖音

1. 抖音的算法

简单来说，平台的算法是一套评判机制。这套机制对平台的所有受众都有效，无论是内容制作者抑或是内容消费者，通常平台受众既是生产者亦是消费者。受众在平台上的每一个操作都类似一个被记录的指令，平台能够根据这些指令来分析用户的行为与兴趣倾向，将其分为优质用户、流失用户、可追回用户等；此外，平台还会判断用户是否是营销号，是否有违规操作，如果是，平台会对账号采取惩罚措施；相反，如果为优质用户，平台会给予支持。

视频平台的算法最大的优势是处理用户数据，并且根据这些数据改善平台功能。作为内容制作者，算法的好处是有“据”可依的，运用好算法能更加有效率地规划自己的行为。对于消费者来说，算法能给消费者的兴趣贴上标签，以此匹配消费者喜欢的内容。

2. 审核规则

抖音的特点意味着每一个账号都有机会拥有百万甚至千万粉丝。即便用户没有流量，只要能生产出优质内容，就会被更多人关注。当用户在抖音发布视频时，抖音会进行审核，这时主要审核作品内容是否有违规之处，比如是否有违规广告等。如果发现视频有被禁止的内容，视频会被打回或被限流（只有视频账号本身可以看见视频内容）。

3. 平台叠加推荐

当抖音将用户的作品进行了分发，它会根据视频初始流量的反馈判断这个内容是否受欢迎，如果反馈不错，抖音会对该视频分发更多流量。判断视频是否受欢迎的重要指标有：播放量（完播率）、点赞量、评论量、转发量。抖音对视频的第一次推荐会根据账号给200~500人的流量，如果作品数据反馈较好（例如能达到10%及以上的点赞、60%及以上的完播率等），抖音会判定视频内容受欢迎，就会给予第二次推荐机会。

第二次推荐，抖音大概会分发给视频1 000~5 000人的流量；如果数据反馈依然比较好，才会有下一次的推荐。这次推荐抖音会根据视频账号给予上万或者几十万人的流量。如果视频依然很受欢迎，平台就会结合大数据算法及人工审核机制，判断视频内容能否上热门。如果视频账号以前发布的视频反馈一般，但是之后发布的视频表现良好，平台也会认为这个账号受到用户的青睐并予以扶持，但是只要有一条视频违规，那么账号会被降权并被限流。

4. 抖音的流量池

抖音平台上有低级流量池、中级流量池和高级流量池，不同权重的账号会被分到不同的流量池中，也就会得到不同的流量。分配标准是账号及内容受欢迎的程度。分到哪个流量池是影响账号能否发展下去的主要因素，如果视频持续一周播放量均在100次以下会被当作低级号或是废号，平台不会予以推荐；作品播放量持续一周在300次左右的视频号会被视为最低权重号，将被分配到低级流量池，如果一个月都没有突破300次的播放量仍然会被视为低级号，播放量持续上千则会被判断为待上热门的账号。

5. 抖音视频发布的禁止行为

抖音视频发布的禁止行为有很多，具体可见官网。此类视频会被打回或限流，屏蔽热门；被屏蔽某些功能或者限制使用一些功能；严重者会被删除视频且封号数日，甚至永久封号。遵纪守法，不违背公序良俗、崇德向善，是必须做到的。

6. 抖音账号的优化

（1）视频养号。用户第一次在抖音注册账号，要做的第一件事是养号。养号的意思是模拟人工操作，例如每天刷视频（一个一个看完）、关注别的账号、给别的视频点赞评论转发等。账号养护时间最少为 3~7 天。也可以关注同性质的账号。账号养护 3 天左右时用户可以绑定手机然后完善账号信息。

（2）内容优化。①垂直内容。垂直内容的意思是账号深耕一个领域，例如，做美食类的视频就不要发舞蹈类等与美食无关的视频，防止系统不能准确识别是什么类别的账号，打错标签或不打标签，这样会导致账号权重无法提升。②坚持原创内容。③关注热点。④控制视频时长。视频时长太短会限制创作空间，影响观赏性；视频太长会降低完播率，所以账号发展前期视频时长最好控制在7~15秒。⑤坚持竖屏拍摄。抖音平台以竖屏为主，用户习惯以竖屏方式观看视频，因而一般竖屏的播放率会更高。⑥参与平台的挑战。平台发布挑战活动的目的是引导用户发布此类视频，因此会给予一定的支持。⑦拍摄内容尽量清晰避免模糊。

（三）微信视频号

微信视频号是 2020 年 1 月 22 日正式宣布内测的。与抖音等平台基于标签和兴趣进行分发的规则不同，微信视频号主要依靠社交关系进行推荐。用户进入微信视频号后首先展示的是被朋友赞过的视频，因为微信本身就是一个覆盖面非常大的社交型 App，社交属性是微信视频号先天的优势。

微信视频号的视频可以自由转发至聊天和朋友圈，降低了社交门槛。视频号还可以添加到个人名片中，与公众号联系起来，可以说为公域和私域流量架起了一座桥梁。目前视频号的内容类目比较少，主要集中在美食、情感和生活等方面。

同样是短视频平台，西瓜视频、抖音、微信视频号却有着各自不同的特点，所以用户要根据平台的特点与自身优势选择合适的发布渠道。如果是多渠道同时运营，也要根据不同渠道的特点，进行科学的、有针对性的精细化运营。

三、有针对性地选择多渠道分发

短视频只要不违反平台的规则，最好选择多个渠道共同发布，以便快速聚集各个平台的人气，累积忠实用户。需要注意，发布的渠道不是越多越好，运营团队在平台选择上应该有目标。

（一）首选平台与视频账号目标人群应相同

短视频账号应优先选择主要受众群体与视频账号的目标群体相同的平台。根据账号的定位与设定的目标科学地选择平台，可以为短视频账号打好基础，促使粉丝数量快速增长。

（二）单一性平台与综合性平台共同发布

单一性平台与综合性平台的用户结构、覆盖面、内容分类可能会有很大不同，短视频在这两类平台上共同发布视频应以取长补短为目的。在单一性平台上精准吸引目标用户观看的同时可以利用综合性视频平台信息传播较快、覆盖用户更广泛的特点不断扩大目标用户群体。

（三）不在同类平台上多家发布

有的短视频账号会在内容制作完成后，不加选择地在所有与其有相同目标受众的视频平台上进行发布，这种做法也不可取。因为同类型的短视频平台之间存在竞争关系，它们竞争的就是优秀的短视频制作者，这是保持平台生命力的基础。而短视频内容能否成为爆款，除了依靠本身的优质内容与团队的运营策略外，也要借助平台的扶持与推广。如果一个短视频账号不加选择地在同类多家平台上发布视频，会因为账号“粉丝”过于分散，难以得到平台的重视。

（四）渠道数据监控

短视频发布之后，团队应该追踪、监控视频的播放量、完播率、弹幕、评论、转发等数据，通过相关数据判断视频投放后是否达到预期，以及判别影响视频各种数据增长的原因；收集观众对于视频内容的建议，这些数据对账号的发展包括将来短视频内容的调整与优化有非常大的参考价值。

四、分析短视频运营数据

短视频的运营团队要对短视频发布效果进行评估就必须及时获取账号运营数据。

（一）用户运营数据

能源源不断地吸引新用户的关注是短视频账号生存的基础。对于短视频账号的媒体推广来说，用户数量规模就是账号价值的直接体现。一些创作者之所以能够得到融资，是因为他们拥有庞大的粉丝群体。因此，做好用户运营，收集、分析相关用户数据，根据用户数据对视频账号内容、运营策略等及时做出调整是短视频运营团队的重要工作。

1. 用户规模数据

用户数据中首先要掌握的就是用户规模数据，用户量越大就代表着短视频账号的影响力越强。用户规模数据包含了新用户数量、老用户数量及用户流失量三个方面。新“粉丝”数量的增长数据要在每次发布短视频后更新一次，数据可以更直接地衡量每个短视频对新用户的吸引力，对确定未来内容的制作起到引导作用。老用户的数量能够体现账号的用户黏性，而流失用户数据则可以看出视频账号当前存在的不足。

2. “粉丝”黏性数据

“粉丝”黏性数据是指用户重复观看视频、用户活跃程度及付费用户数量。经常性重复观看视频的用户，意味着账号对他们的黏性非常强，这些用户有极大可能成为短视频账号的“死忠”，在做账号用户需求分析时，应该重点关注这部分用户的需求。

3. 用户价值数据

用户价值数据是指单个用户的贡献价值，单个用户的贡献价值数据能将每个用户给视频账号带来的收益具体化，在视频账号每增加一个“粉丝”或者减少一个“粉丝”时，短视频运营团队能够更有效地掌握其对视频账号带来的影响。

4. 用户生命周期分析

掌握视频账号的用户生命周期是为了更好地定位每个用户处在怎样的阶段，以便对处于不同阶段的用户实施差异化运营策略。用户生命周期包括用户从消费产品到最后流失的整个过程，包括导入期、成长期、成熟期和流失期。

与用户所处的生命周期相对应，短视频账号在运营上要围绕用户的拉新、促活、留存等运营策略展开。导入期用户，他们的主要行为特征是刚在平台注册，处在刚刚接触平台的阶段，或已尝试使用平台，但没有完成入驻、注册行为；或是已经下载注册 App，当天有活跃行为，但还未成为平台的留存用户。导入期的用户包含了潜在用户与新用户两种，针对此类用户，短视频运营团队的目标是把潜在用户激活成为正式用户，发展为短视频账号的“粉丝”。成长期的用户，主要是指在短视频平台已有一段时间，习惯使用特定的功能，活跃条件达到一定标准，成了平台的活跃用户或留存用户。对于成长期用户，短视频的运营目标主要是促进用户的活跃度及对账号忠诚度。成熟期用户主要是指视频账号的“老粉丝”，这些用户会规律性为视频付费。针对成熟期用户，视频运营目标主要以提高用户价值为主，要通过多种手段提高这类用户的权益。最后是流失期用户，指已经取消关注或持续一段时间没有任何活动的用户，对于这部分人群来说，要挽回的可能性非常低。

（二）内容运营数据

第一，短视频播放量是视频内容是否被用户喜欢的直接表现。短视频的播放量直观反映出短视频的标题、内容介绍等对目标群体是否具有吸引力。播放停留时长则反映出观众对短视频内容是否满意。如果在短视频播放过程中，某个时间点出现观众大量流失的情况，则代表此类的内容需要调整，在今后的视频制作中应该予以关注。

第二，内容转发、用户回流数据也很重要，这部分数据包括了短视频的转发、分享等。用户对短视频的分享，可以持续扩大视频账号的“粉丝”群体。用户回流率可以体现出哪个渠道更适合该短视频账号的发展。用户回流率越高表示这个平台的用户群和视频账号的目标群体一致性越高。

第三，要关注单位用户的数据。单位用户的视频播放量能够直接体现出该视频能否吸引用户反复观看，是对视频内容质量强有力的评判标准。此外，单位用户的相关活跃数据也很重要，只有用户处在持续活跃的状态，才更有可能持续为用户做宣传，而且越活跃的用户在转变为“粉丝”后，对视频账号的发展越有帮助。

第四，要搜集活动运营数据。视频账号开展针对用户的活动，主要目的是巩固已有忠诚用户及吸引新粉丝的关注、引导粉丝为视频账号的发展“作贡献”。像某些网红账号经常使用的活动方式是“微博转发抽奖”。转发抽奖，用户参与门槛低，易提升用户好感度，是可以经常使用的吸引“粉丝”关注的方法。为了获得奖品，对于转发视频这种动动手指就能完成的事情，粉丝的积极性会非常高，从而能够有效扩展短视频的传播范围。

（三）活动数据运营

在短视频账号活动运营的过程中也要注意活动数据的收集。

第一，传播效果方面的数据。活动运营是为促进短视频传播扩散服务的，不同平台带来的传播效果差异，是短视频运营团队在活动开展期间及活动后需要重点关注的，视频运营的资金与精力应该向活动传播效果数据较好的平台倾斜。

第二，要注意监控活动效果数据。这里所说的活动效果与活动传播效果不同，活动效果的数据信息侧重于用户对于活动本身的态度和情绪的具体反馈，例如活动参与人数的变化。活动参与人数的变化能够直观反映出粉丝群体对于活动本身的热情度，通常情况下，活动相关信息会放在短视频的最后，因此，活动参与人数数据能直观反映视频的完播率。

第三，注意活动成本数据。转发抽奖、粉丝回馈活动成本除了奖品支出外可能还包括快递、人工、印刷费用等，这些支出最好与活动回报成正比，或是能够较好完成活动的预期目标，这样，转发抽奖活动才是成功的。要估算回报比，就必须要对活动预估成本、最终成本、参加活动的用户数量这三类数据进行分析。活动预估成本是指在策划活动时按照以前的经验包括询价等方式预估的成本数据，但通常情况下，活动的最终成本不会和预估成本完全一致，在分析时要进行对比。而参加活动的单位用户成本可以直观量化视频账号每增加一个“粉丝”需要投入的成本是多少，是对活动运营成果的直观体现。

第四节　短视频账号流量商业化

流量商业化是短视频账号生存、发展的重要途径，常见的短视频流量商业化有短视频 + 电商、广告、内容付费、平台扶持等方式。

一、短视频 + 电商

优质的短视频内容使受众对视频创作者产生了信任，也让电商盈利成为现实。现如今，在各个视频平台上电商都是以线上交易的方式展开，例如各个视频平台与淘宝等电商平台合作，为其导流。与此同时，各视频平台都开通了专属的电商店铺，如快手小店、抖音商城等，以便帮助创作者通过多种渠道实现收益的最大化。

短视频加电商的模式让创作者可以通过直播的方式销售商品，还可以围绕商品进行创作，例如在抖音上短视频可以链接相关商品，实现视频到商品的直接跳转进而完成流量转化。因此短视频加电商模式的出现实现了“内容即广告，广告即内容”的视频创作理念，让本来泾渭分明的两方实现了统一。只要创作者与受众之间拥有信任，电商就会成为创作者最合适的赚钱途径。

采用短视频加电商这个模式，根本在于用户的信任，因此在选择电商时必须要谨慎。要保持用户的信任度，就要站在用户的角度去创作内容，在商品的选择方面小心谨慎，以保证良好的用户购买体验，不能为了赚钱忽视商品存在的问题，因小失大。

二、广告

广告是短视频获取收益最常见的方法，也是一种效率很高的收益途径。短视频账号可以凭借自身庞大的用户基础与优质的内容创意来吸引广告主，结合视频账号自身的特性与多元的产品表现方式，将产品信息有效传递给目标用户，因此很受广告主的欢迎。

（一）植入广告

植入广告是伴随着影视剧的发展而兴起的，后来被广泛运用于游戏、综艺节目中，植入广告在现如今的短视频中也很常见。植入广告是指将商品、服务或者品牌信息植入媒介内容中，它的基本特性是要将相关信息自然地植入媒介内容从而获取受众的注意，引起目标消费者的共鸣。植入广告的“隐性”并非让消费者看不到，它是指其广告传播效果是在不知不觉中完成的，有“润物细无声”的感觉。

1. 植入广告的分类

（1）根据植入广告隐匿性程度分为隐性植入广告和显性植入广告。在媒介中被明确提及的是显性植入广告，未被提及的是隐性植入广告。与隐性植入广告相比，受众对于植入过于明显的广告态度比较消极，而且其重复的次数越多，受众反感度越高。显性植入广告虽然能获得受众的关注，甚至可以引发讨论，但大多对于品牌形象的塑造有着负面的影响。它在传播方面仅能在短期起到作用，对于建立品牌偏好方面没有效果甚至可能会有负面效果。例如以美食、吃播为主要内容的短视频忽然在视频内容中出现了手表的推荐，这种即属于显性植入广告，也是人们通常所说的“硬植入”。由于与视频内容关联程度较低，植入方式比较生硬，即使由于视频账号流量比较大，一时间获得了高关注度，但也有可能引起用户的负面情绪，对账号本身的发展会有不利影响。

（2）根据信息展示方式的不同可分为台词植入、道具植入等。台词植入是指将品牌或者产品的信息置入短视频的台词。例如一部电影中的宝马台词植入广告：“……不是开奔驰就是开宝马……”自然地表达了宝马这个品牌代表的价值，台词风格符合电影中的人物设定，取得了良好的植入效果。短视频中的台词植入也很常见。

道具植入。这种植入方式是指产品作为短视频中的道具出现。例如美妆短视频中出现的口红、面霜、眼霜等。这种植入方式的优势在于能使产品有效地融合到视频内容中，但如果产品信息占比太大有时会让观众察觉到是广告，会引起观众的反感，所以要注意植入的适度性。

剧情植入。剧情植入是指为品牌或者产品专门设计的剧情桥段。例如视频中创作者叫的外卖、拆的快递、探店、做的商品测评等。这种建立在剧情基础上的广告植入方式，优势在于即使植入性内容比较多也不会引起受众的反感。

场景植入：场景植入是指在视频画面中、主要人物活动的场景里，布置可以展示产品或品牌信息的实物。例如视频主要人物经过的地方的广告牌、桌子上放的杂志上的平面广告、路边印有某产品图案的自动贩售机等。

奖品植入。短视频中经常会通过转发抽奖来引导观众，其中发放的一些实物奖励就可以做植入广告。例如在购物节前夕发放店铺优惠券，某品牌产品的试用装等。

2. 短视频植入广告的常见误区

（1）产品和品牌植入内容就是视频内容营销。视频内容营销不是没有限制植入产品，是要把产品包装成内容，让内容植入产品，应该做到内容本身就符合产品，或者内容本身就是产品的一部分。

（2）为了内容而内容。商家做视频营销不是为了内容而做内容营销，也不是为了创意而创新。所有的视频内容营销，都为了品牌信息去设计的。

（二）贴片广告

贴片广告是通过 VCD、DVD 等介质或包装海报等载体，经过载体的发行，在一定时间内将品牌及产品信息传达给目标消费者的传播平台，又被称作“随片广告”。贴片广告一般分为电视贴片广告、电影贴片广告、网络视频贴片广告等，其中网络视频贴片广告又称作视频插片广告，在短视频盈利中也是比较常见的一种模式。

网络视频贴片广告是很受广告主欢迎的一种广告投放形式，尤其是快消品行业的广告主。它通常出现在网络视频播放前或视频播放后。在视频播放前出现的广告片叫前贴片（也叫前插片），视频播放结束后再播放的广告片叫后贴片（也叫后插片）。前贴片比后贴片更受广告主青睐，一般时长分为 5 秒、15 秒、30 秒、60 秒甚至更长。贴片广告可以看作为电视广告的延伸，其背后的盈利逻辑依然是媒介的二次销售原理。目前，老牌视频平台爱奇艺、腾讯视频、优酷等都已开通了视频贴片广告投放，广告主可自由选择视频的前中后贴片位，还有视频暂停广告、浮层广告、角标广告与弹窗广告等。

三、平台扶持

从短视频行业起步至今，短视频赛道仍然有广阔的发展前景，视频平台能否不断增强自身核心竞争力、打造平台品牌、长远发展下去与平台上有创造力的用户有着莫大的关系，两者互相依赖、共生共荣。每年，主流短视频平台都会根据平台发展方向、国家政策、传媒风向等制定符合自己需要的账号扶持政策与补贴计划，以此来促进创作者的创作热情，吸引更多优秀的创作者入驻平台，从而获得优质视频内容，不断增加平台的流量。下面简单介绍各主流视频平台推出的扶持政策。

第七章 短视频侵权

2021年4月，15家影视行业协会、53家影视公司和5家视频平台共同发布了《关于保护影视版权的联合声明》，呼吁短视频平台的运营者尊重视频内容原创、保护视频版权，未得到授权许可不得对相关影视作品进行二次创作，包括对影视作品的剪辑、切条、搬运、传播等行为均属侵权行为。该声明发布后，引起了互联网的广泛讨论。

第一节　短视频侵权认定

“无规矩不成方圆”，为了更好地维护平台的稳定，保证平台有序运营，短视频也要遵循一定的制作和运营规则，而防止短视频侵权是平台和创作者必须要重视的问题。

一、短视频侵权的表现形式

（一）搬运、剪辑视频侵权

1. 素材相关的作品是否在保护期

根据《著作权法》，如果创作者使用的电影素材是已经公开发表超过五十年的，原则上不需要经著作权人许可，但属于作者的人身权例如作品发表权、作品署名权、作品修改权及保护作品完整的权利是作者终生享有的。

2. 素材属于热播电影、电视剧的

如果创作者使用了近期热播的影视剧，侵权风险会更大。因为创作者的行为有可能导致影视剧制作方遭受重大损失。

3. 预告片、花絮侵权

很多人认为影视剧预告片与花絮不属于影视剧正片，制作方制作预告片与花絮就是为了宣传影视剧，因此对预告片及花絮传播的用户 / 平台越多越好，不存在侵权行为，或侵权行为不会被追究，可以免费使用这类素材。但无论对影视剧的预告片、花絮进行了怎样的创作，未经其创作者允许擅自使用的仍然属于侵权的范畴。

（二）背景音乐侵权

1. 创作者改编或恶搞原创音乐

音乐创作人对音乐享有词、曲的版权，录音制作者对其录音制品享有录音制作者权。如果擅自对原创音乐进行改编或“恶搞”，会对音乐作品产生不良影响，侵犯著作人的保护作品完整权。

2. 擅自使用原创音乐

直接使用完整原创音乐或音乐的某个片段，在没有获得创作者许可的情况下，以及不属于合理使用行为的都属于侵权行为。

3. 音乐翻唱

根据《著作权法》，翻唱歌曲用于公益演出或非商业用途的，不属于侵权。但是如使用他人歌曲进行综艺选秀比赛或摄制音乐短片等存在侵权风险。

（三）短视频字体、图片侵权

1. 短视频中字体版权侵权

如短视频中使用字体不是免费版权的，短视频创作者应当支付费用。

2. 短视频配图侵权

常见的配图侵权行为可以分为三类：搜索引擎中下载未经授权图片；图片网站下载未经授权图片；其他短视频中盗取。即便图片没有添加水印，也要取得著作权人的同意，注意，需要有书面协议。

（四）相似创意侵权

情节创意侵权的判定是由视短视频本身所展现的内容相似程度来判定的。

二、短视频侵权行为的认定

短视频侵权行为的认定主要看短视频本身是否可以构成作品、短视频是否属于录音录像制品、短视频是否属于合理使用的范畴。

（一）短视频作品的认定

案例1：某用户于2015年4月在快手App上发布了“这智商没谁了”的短视频，快手公司与创作者联系并获取了该视频在全球范围内的独家信息网络传播权。2017年，广州某网络科技有限公司（以下简称被告）未经允许在其运营的App安卓端和iOS端发布了“这智商没谁了”短视频。北京快手科技有限公司发现此事后，对该公司提起告诉。

原告北京快手科技有限公司认为，“这智商没谁了”短视频蕴含丰富的艺术创造性，视频通过对话与动作使视频的内容极具诙谐幽默感，该视频属于具有原创性与独创性的作品。同时，依据《快手网服务协议》《知识产权条款》等约定，快手获得了“这智商没谁了”短视频创作者的授权，获得了该视频在全球范围内的独家信息网络传播权。因此，北京快手科技有限公司认为，被告擅自在其运营的 App 上传该视频的行为侵害了其对该短视频享有的著作权，故提起告诉，要求被告赔偿其经济损失 1 万元及相应合理支出。

法院认为，“这智商没谁了”短视频虽然时长仅有 18 秒，但视频内容中充分展现了两名表演者的对话与动作，且该视频通过镜头切换与剪辑手法展现了故事场景，已经构成了具有独创性质的完整表达。结合该短视频在快手 App 上发布的事实，“这智商没谁了”短视频属于摄制在一定的介质上，由有伴音的画面构成，并通过网络传播的作品，属于以类似摄制电影的方法创作的作品。被告在未得到北京快手科技有限公司许可的情况下，擅自在其运营的 App 线该短视频，侵害了北京快手科技有限公司对该视频享有的信息网络传播权，应承担赔偿其经济损失等责任。因此，一审法院判决：广州某网络科技有限公司赔偿北京快手科技有限公司经济损失 1 万元及相应合理开支。

案例2：2020年2月27日，某创作者在剪映App上发布了一个名为“为爱充电”的短视频模板，剪映上的用户可通过替换“为爱充电”模板中的素材来创作自己的视频。微播公司、脸萌公司·（剪映App的运营者）经创作者授权取得了该短视频模板的相关著作权。随后，微播公司、脸萌公司发现两家公司在未经允许的情况下在其运营的App上上传了“女生节，为爱充电”的短视频模板，该App的用户可以播放该短视频，也可以替换该模板素材进行编辑、下载与分享。微播公司、脸萌公司认为这两家公司的行为侵害了其对“为爱充电”短视频模板享有的信息网络传播权、复制权、改编权及汇编权，将两家公司告上法庭，请求这两家公司立即停止侵害、消除影响，并赔偿微播公司、脸萌公司的经济损失。

杭州互联网法院认为：短视频模板属于短视频的范畴，是由创作者对图片、音乐等各种元素编排形成视频框架，并预留了供用户替换的空间，便于用户替换后形成具有个性化元素的短视频。

在这个案例中，对短视频模板独创性的认定，主要考虑到短视频模板是不是由其创作者独立完成；是否是创作者创造性的智力成果，是否是创作者思想、情感的表达，是否可以体现创作者的个性。

2020年4月16日，法院对该著作权纠纷案进行判决，要求被告立即停止在其运营的App上提供“为爱充电”短视频模板的行为，并赔偿原告微播公司、脸萌公司经济损失及合理费用6万元。

判断短视频是否为作品，主要看短视频的类型与内容。根据《著作权法》，作品指“文学、艺术和科学领域内具有独创性并能以一定形式展现的智力成果”。因此，短视频认定为作品必须满足三个条件：属于“文学、艺术和科学领域”的具体表达，具有独创性，能以一定形式表现。

短视频通常以数字化的形式发布。在司法实践中，除了对电视直播信号构成的连续画面是否是作品存在争议，通常来说，通过拍摄形成的视频画面，不论画面如何，皆属于可复制的特定表达。

（二）短视频是否属于录音录像制品的认定

短视频本身属于有伴音或无伴音的连续形象、图像的录制品，因此，在短视频不构成作品的情况下，可以认定为录像制品。例如，短视频呈现的是脱口秀画面，这属于对他人讲话的录制，在不含有其他创作元素时，一般认为其是录像制品。

（三）短视频合理使用的认定

“合理使用”体现了公共领域的普惠利益和著作权人的私人利益之间的平衡。《著作权法》规定的合理使用的限制条件为应当指明作者姓名、作品名称，并且不能影响该作品的正常使用，也不能损害著作权人的合法权益。

三、短视频平台侵权

案例1：2018年初，摄影爱好者刘先生为某品牌新款汽车创作了一段2分钟的宣传短视频，在某平台的影视创作人社区“新片场”发布了这则视频。两个月后，刘先生看到有一个微信公众号及其微博账号上线了自己拍摄视频并向品牌方收取了广告费。刘先生起诉了该公司，要求其向自己赔礼道歉，并赔偿自己经济损失费100万元及合理开支费用3.8万元。

被告公司称，公司无法确认原告刘先生是否享有原视频的著作权，并且公司使用的视频是第三方公司提供并非自行转载，因此，公司的行为不构成侵权，而且公司向品牌主收取的广告费比较少。负责此案的原告律师认为，视频是原告自行创作完成，具有较高的原创性，它完整地体现了创作者对视频画面的处理、编辑、后期制作，视频本身商业价值很高。被告公司没有得到刘先生的许可，而且使用视频时没有给刘先生署名，并将视频用于广告宣传，属于著作权侵权行为。

庭审中，关于原告经济损失的数额，原告与被告双方就此提交了证据。但是，被告公司拒不提交视频的收益证据。此外，被告公司并未提供其使用涉案视频前取得了刘先生的许可的相关证据。

法院经审理后判定，该视频是由拍摄者刘先生使用专业摄像设备拍摄，并用多个拍摄素材剪辑合并而成。视频记述了刘先生驾驶某品牌汽车去往崇礼滑雪画面，视频中有对这款汽车的外观、车内仪表盘、变速箱、后备厢等进行展示的画面，还有用无人机拍摄的刘先生驾驶该车行驶的片段以及崇礼雪景与刘先生滑雪的场景等。涉案视频的拍摄和后期体现了刘先生的智力成果，涉案视频虽然时长只有 2 分钟，但属于独创性的、类似于摄制电影的方式创作的作品。原告提交的案件相关证据，可以证明其是该视频的创作者，享有该视频的著作权。被告公司虽然对此提出异议，但并未提交证据，因此，对被告公司的抗辩法院并未予以采信。

此案的判决书显示，合议庭在确定刘先生的经济损失数额时，考虑了以下几个因素：一、涉案视频具有一定的独创性和广告价值；二、被告公司为专门的广告媒体，该公司平台受众广泛、传播快速、收益巨大，被告公司将该视频作为汽车广告，在微信公众号和微博上传播，获取了商业利益；三、被告公司应该提交该视频的收益证据，但其并未提交，按照被告认可的 2018 年微信、微博广告刊例，非定制视频的微博广告价格为 10 万元 / 条，微信广告报价为 10 万 ~15 万元 / 条，收费金额较高；四、原告公司于 3 月 18 日在微博和微信上发布了该视频，至原告取证时，该视频在两个平台的点击量已经超过 40 万，且原告公司在收到起诉材料后并未删除该视频，导致侵权持续到 9 月，侵权行为影响范围大、主观恶意明显。综合上述因素，合议庭认为此案应按法定赔偿的最高限额予以判赔，故判定原告经济损失为 50 万元。最终，法院作出判决。

案例2：《王者荣耀》是一款手机端游戏，该游戏由腾讯公司运营，腾讯公司还享有《王者荣耀》整体及其内容元素所含的著作权。

在游戏运营中，腾讯公司发现，某文化公司在其运营的平台游戏专栏中开设了《王者荣耀》的专区，并在显著的位置推荐《王者荣耀》游戏短视频，与很多游戏用户签订了合作协议共享游戏收益。

腾讯公司起诉了该文化公司，腾讯公司认为，该文化公司借腾讯游戏专栏通过《王者荣耀》短视频牟利的行为侵害了其《王者荣耀》的网络传播权，同时属于不正当竞争行为。另外，某网络公司还为视频平台提供视频分发、下载等服务，这些服务直接扩大了该公司侵权行为的影响范围，属于共同侵权行为。某文化公司认为，涉案游戏的著作权应当归属于创作短视频的创作者，不属于腾讯公司所有，所以该文化公司没有侵害腾讯公司的合法权益，不是该案的适格主体，不应该负法律责任。

广州互联网法院认为，自《王者荣耀》游戏上线开始，游戏中包含的画面都可以被用户的组队及各种操作方式显现。这些内容适用于《中华人民共和国著作权法实施条例》第二条的作品构成要素，是受《中华人民共和国著作权法》保护的。同时,《王者荣耀》游戏的画面符合"一系列有伴音或者无伴音的画面组成"这一特征，而且用户可以利用游戏引擎调动资源库展现出相关画面，因此该游戏的整体画面应该认定为类电作品（类似摄制电影的方法创作的作品）。审理时，法院指出，被告在未经腾讯公司许可的情况下，将包含该游戏画面的短视频在某视频网站上投放，供用户浏览、下载，构成了对原告公司传播权的侵害。被告上传的涉案视频数量达 30 多万条，几乎呈现了涉案游戏的所有内容，不属于合理使用的范畴。同时,被告在平台的显著位置推荐该游戏的短视频,并主动邀请《王者荣耀》游戏的知名玩家、招募游戏达人等，鼓励、诱导用户大量传播该游戏的短视频，并从中牟利。这些行为有违诚实信用原则与商业道德，是不正当竞争行为。但原告不能以此要求被告重复承担侵权责任。

法院一审判决某文化公司即刻停止对该游戏短视频的传播行为；赔偿腾讯公司的经济损失 480 万元与其合理开支 16 万元。

（一）平台主体性质的判定

判断短视频平台是否具有侵权行为时，首要先判断平台是网络内容的提供者还是网络服务的提供者；其次，如果平台是网络服务的提供者，其是否有过错，或是否满足免责要件。因此，当短视频平台被诉时，要证明平台不是侵权主体，是网络服务提供者时，需要平台提供视频是用户上传的相关证据。

（二）短视频平台过错认定

如果认定平台是网络服务提供者，根据《信息网络传播权保护条例》第二十三条的规定，短视频平台作为网络服务的提供者不负担对视频事先审查的义务，除非平台存在过错，否则只承担通知删除义务。

（三）平台免责认定

平台免责的法律依据是《信息网络传播权保护条例》第二十二条："网络服务提供者为服务对象提供信息存储空间，供服务对象通过信息网络向公众提供作品、表演、录音录像制品，并具备下列条件的，不承担赔偿责任：（一）明确标示该信息存储空间是为服务对象所提供，并公开网络服务提供者的名称、联系人、网络地址；（二）未改变服务对象所提供的作品、表演、录音录像制品；（三）不知道也没有合理的理由应当知道服务对象提供的作品、表演、录音录像制品侵权；（四）未从服务对象提供作品、表演、录音录像制品中直接获得经济利益；（五）在接到权利人的通知书后，根据本条例规定删除权利人认为侵权的作品、表演、录音录像制品。"

（四）平台及时通知删除的认定

在平台收到通知后删除方面的争议主要在于侵权视频密集，且在平台删除后，视频仍然反复出现、屡删不绝的情况，这种情况是否要求权利人不断履行通知义务，是否平台需要对侵权视频反复删除，要根据多次发布侵权视频的用户是否为同一人，侵权用户是否曾被投诉或被平台处理过等情况来综合判断。

第二节　短视频侵权治理现状

现今，短视频版权治理环境已有了一定改善。但由于部分相关行业从业人员版权意识较弱，同时短视频制作具有简单、传播速度快等特点，现有短视频版权治理难以满足需要，短视频版权保护仍然存在很大的问题。

一、短视频版权侵权行为隐蔽，难以被发现

短视频版权侵权能否被快速发现是保护短视频版权的前提。但是在实际操作过程中，因为短视频制作门槛比较低、传播数量大、传播范围广、传播渠道多，不论是短视频创作者，还是影视节目的版权所有者，或者是预告片、花絮、字体、音乐等的版权人，发现侵权行为就像是大海捞针，难度非常大。

由于短视频行业发展时间比较短，版权监测技术并不成熟，大家所熟知的、传统的关键词提取与视频指纹识别等方法，对命名简单、时长较短的短视频而言，传统检测的覆盖面、准确性都有待提升。即便是 AI 识别技术，除了能够识别视频搬运等比较明显的视频侵权行为，对于比较复杂的侵权行为是否能高效识别，现在也无法确定。同时，因为短视频侵权行为有可能为短视频平台带来一定的经济利益，而短视频版权监测工作要投入大量资金、研发人力，在经济利益的驱使下，短视频平台自我检测的动力有时会不足。

二、短视频的版权归属与版权权利认定困难

明确短视频版权的归属是保护短视频版权的基础。但根据《著作权法》与相关法律法规，并不是所有的短视频自从创作者创作完成后版权就受到保护。短视频本身的原创性、独创性，是否反映创作者的个性与情感，是判断短视频是否为作品的标准，在日常司法实践过程中也基本按照个案判断的原则来认定短视频是否属于作品，只有短视频被认定为作品或者音像制品，它的版权才会受到保护。这个认定过程往往比较困难且争议较多，因此，短视频是否为作品或者音像制品的不确定性导致了短视频版权认定的不确定性。

即使一条短视频被认定为作品或者音像制品，它的版权权属的认定也面临着种种困难。通常情况下，版权登记是确定短视频版权权属的比较权威的方法，但很多短视频的创作者版权意识薄弱，而且传统的版权登记流程比较复杂，花费时间较长，且有一定的费用，短视频产量大且产出时间间隔短，因此短视频创作者通常不会对自己的短视频进行版权登记；而新型区块链等版权认证技术不成熟，缺乏国家统一的标准，在司法实践中区块链版权认定技术的认可度也比较低，以上种种问题导致了对短视频版权归属认定工作困难重重。

三、短视频创作者被侵权后维权困难

一般情况下，短视频创作者或者版权所有者在发现侵权行为时，可通过两种途径维权：一是短视频创作者向短视频发布的平台投诉，让平台通知侵权者删除等；二是短视频创作者或短视频版权所有者向法院提起诉讼来维护自身的合法权益。但第一种方式的结果也只是平台在接到投诉后通知删掉侵权视频，首先，实效上没办法保证，其次，侵权行为可能多次不断出现，短视频创作者或版权所有者并不能及时发现所有侵权视频，且通过短视频平台维权，被侵权者很难追讨短视频被侵权所带来的损失。

向法院提起诉讼的方式，虽然可以向侵权者要求经济损失等方面的赔偿，但在实践过程中也存在很多的问题。首先，法院诉讼维权成本比较高，提起诉讼维权的方式比在短视频平台上维权所需要的时间更长，费用更高，流程更复杂，因此会出现维权成本与收益不成正比的情况，致使版权拥有者短视频维权的动力不足；其次，短视频侵权主体的认定存在一定的困难。在很多侵权案例中，侵权者都是通过网络昵称而非实名的方式传播侵权视频，并且时常会有账号运营主体和账号实际拥有者不是同一个人的情况发生，因此确定侵权者的身份比较困难。